CONTEMPORARY COOKBOOK

THE CHEF's CUISINE

Yom Jin Chul & Denis Ryu

KB199196

BAEKSAN

THE CHEF's
CUISINE

CONTEMPORARY COOKBOOK

Yom Jin Chul & Denis Ryu

CONTENTS

INTRODUCTION

저자는 오랜 시간 특급 호텔 셰프의 경력을 쌓은 후 현재 대학의 강단에서 셰프의 꿈을 꾸는 학생들을 지도하며 후진양성을 위해 힘쓰는 염진철 교수와 호주, 일본과 프랑스에서 유학하며 음식 공부를 하고 실무에서 쌓은 경험을 바탕으로 자신만의 작품을 표현하는 류훈덕 셰프이다. 이 책은 20년 동안 이어지는 스승과 제자의 인연에 있어 가장 큰 연결고리가 되는 '음식과 창작'이라는 공통의 주제를 가지고 함께 고민하고 노력하여 완성하였다.

이 책의 레시피는 프렌치와 이탤리언 조리법을 기본에 두었으며 우리 재료의 장점을 살린 맛을 찾아 우리에게 맞는 현지화된 음식으로 풀어내려 노력한 'CONTEMPORARY CUISINE'을 표방하고 있다. 스승과 제자 서로 간의 경험과 기술 그리고 예술적 상상력에서 나왔던 아이디어와 열정은 독창적이고 창의적인 음식을 만들어 하나의 작품으로 책을 완성시켰다.

기획부터 출간까지 3년여간의 제작기간 동안 요리 전문도서의 선두에 선 백산출판사 진욱상 대표님과 진성원 상무님의 과감하고 아낌없는 투자에 힘입어 강원도에서 제주도까지 전국에서 나고 자라는 재료를 찾아 연구할 수 있었다. 구하기 힘든 재료들은 씨앗을 뿌리고 나무를 심어 직접 재배, 생산하는 노력을 통해 많은 레시피를 만들 수 있었으며 최상의 사진촬영을 통하여 완성도 높은 책을 만들기 위해 최선을 다하였다.

또한, 재료의 산지와 생산 종류에 맞춰 내용을 분류, 구성하였고 생산자들과 소통하는 과정에서 습득한 재료 본질에 대한 명확한 이해와 올바른 사용에 대한 지식을 담은 음식을 만들려 하였으며 사람의 마음을 아름답게 움직일 수 있는 따뜻한 힘이 있는 음식을 만들려 노력하였다.

무엇보다, 빠르게 변화하는 미디어 시대에 부합하여 QR코드를 활용한 동영상 콘텐츠를 독자에게 제공함으로써 더 많은 정보의 공유를 시도하였다.

이 책을 공유할 교육과 실무 현장의 독자들에게 이 책이 우리의 재료를 더 맛있고 아름답게 변화시켜 하나의 작품으로 만드는 데 실질적인 도움을 줌은 물론 발전에 기여할 수 있기를 바란다. 아울러 저자들의 노력이 재료를 다루는 독자들에게 좋은 수단과 옳은 방향을 제시할 수 있고 독창적인 아이디어를 제안할 수 있기를 바라는 마음이다.

저자 일동

강원도 고성 말똥성게

THE SEA
& RIVER

Stuffed sea urchin mousse with sweet shrimps & caviar

성게에 채운 성게 무스와 단새우, 캐비아

Ingredients / 재료

Sea urchin mousse(성게 무스)
100g	Sea urchin(보라 성게)
30g	Egg Yolk(달걀 노른자)
100ml	Fresh cream(생크림)
100ml	Chicken stock(치킨 스톡, page 401)
5g	Gelatin(젤라틴)
10ml	Lime juice(라임 즙)
	Salt, Pepper(소금, 후추)

50g	Sea urchin(보라 성게)
80g	Sweet shrimps(단새우)
10g	Caviar(캐비아)
	Gold leaf(식용 금박)
	White balsamic reduction
	(화이트 발사믹 리덕션, page 400)

Daisy(데이지)
Chive flower(차이브꽃)
Salt(소금)

Method / 조리법

성게 무스 소스 팬에 치킨 스톡과 젤라틴을 넣고 약불에서 젤라틴이 녹을 때까지 데워준다. 고운체를 이용하여 믹싱 볼에 성게를 걸러 내리고 달걀 노른자, 라임 즙과 함께 위스크를 이용하여 부드럽게 섞어준다. 젤라틴이 녹아 있는 치킨 스톡에 혼합된 성게를 넣고 약불에서 3~4분 정도 천천히 익혀준 후 차갑게 식혀준다. 믹싱 볼에 크림을 넣고 위스크를 이용하여 부드럽게 거품을 만들고 여기에 스톡과 혼합된 성게를 조금씩 부어가면서 섞어주고 소금과 후추로 간을 맞춰 무스의 형태를 만들어 냉장고에 보관한다. 단새우는 껍질, 대가리와 내장을 제거하고 성게도 깨끗하게 손질하여 준비한다.

To serve / 담기

성게 껍질을 깨끗하게 손질하고 물기를 제거한 후 준비된 성게 무스를 채워준다. 그 위에 단새우와 성게를 가지런히 올려주고 약간의 화이트 발사믹 리덕션을 발라준다. 중앙에 캐비아를 놓고 금박과 차이브꽃을 올려준다. 볼 접시에 소금을 채워주고 중앙에 속 채운 성게를 올린 후 데이지를 주변 소금 위에 꽂아서 마무리한다.

Lobster tortellini with langoustine bisque & steamed oyster with oyster puree & seared foie gras with sea urchin

랍스터 토르텔리니와 랑구스틴 비스큐 & 굴 찜과 오이스터 퓌레 & 푸아그라와 보라 성게

Ingredients / 재료

Lobster tortellini(랍스터 토르텔리니)

100g	Pasta dough(파스타 도우, page 400)
150g	Lobster meat(랍스터)
50g	Ricotta(리코타, page 400)
30g	Egg white(달걀 흰자)
10	Italian parsley(이탈리언 파슬리)
	Salt, Pepper(소금, 후추)

Oyster puree(오이스터 퓌레)

150g	Fresh oyster(생굴)
80ml	Coconut milk(코코넛 밀크)
150ml	Extra virgin olive oil (엑스트라 버진 올리브 오일)
20ml	Lime juice(라임 즙)
	Salt, Pepper(소금, 후추)

100ml	Langoustine bisque (랑구스틴 비스큐, page 401)
50g	Foie gras(푸아그라)
20g	Sea urchin(보라 성게)
30g	Fresh oyster(통영 생굴)
10g	Caviar(캐비아)
1개	White asparagus (화이트 아스파라거스)
	Chive(차이브)
	Chervil(처빌)
	Stoke flower(스토크꽃)
	China pink flower(패랭이꽃)
	Pansy(팬지)
	Basil oil(바질 오일, page 287)

Method / 조리법

랍스터 토르텔리니 랍스터를 스티머에 넣어 15분 정도 익혀주고 살을 발라내어 잘게 다져준다. 믹싱 볼에 다진 랍스터 살, 리코타, 달걀 흰자와 이탈리언 파슬리를 다져 넣어 잘 혼합하여 주고 소금, 후추로 간을 맞춰 스터핑을 완성한다. 파스타 도우를 얇게 밀고 사방 60mm 크기의 사각형으로 자른 후 완성된 스터핑을 채워 토르텔리니를 만들어 끓는 물에 넣고 2분 정도 익혀서 준비한다.

오이스터 퓌레 생굴을 깨끗하게 손질 후 소스 팬에 코코넛 밀크를 넣고 약불에 올려 끓기 시작하면 손질된 생굴을 넣어 데치듯 살짝 익히고 불에서 내려 실온에서 식혀둔다. 블렌더에 데쳐진 굴과 코코넛 밀크를 넣고 라임 즙과 함께 혼합될 정도로 갈아준 후 엑스트라 버진 올리브 오일을 조금씩 부어주면서 서로 엉기도록 갈아 퓌레 형태를 만들고 소금, 후추로 간을 맞춰 준비한다.

To serve / 담기

구워진 푸아그라 위에 보라 성게와 차이브를 올려 접시에 담아준다. 쪄진 굴을 접시에 놓고 그 위를 오이스터 퓌레로 덮은 후 캐비아를 올려준다. 랑구스틴 비스큐와 토르텔리니를 소스 팬에 함께 데워 접시에 담아준다. 준비된 처빌과 꽃잎을 올린 화이트 아스파라거스를 함께 놓아주고 바질 오일을 전체적으로 뿌려 마무리한다.

팬을 중불에 올려 뜨겁게 달군 후 푸아그라를 올려 노릇하고 바싹하게 구운 후 뒤집어서 반대쪽도 너무 오래 익히지 않게 더 구워준다.

스티머에 이탈리언 파슬리를 넣고 끓인 후에 생굴을 넣고 1분 정도만 익혀서 준비한다.

화이트 아스파라거스의 껍질을 제거한 후 스티머에 넣고 2분 정도 익혀주고 그 위에 화이트 발사믹 리덕션을 발라준 후 약간의 소금을 뿌려 간을 맞춰주고 처빌과 꽃잎을 올려 준비한다.

Roasted yabby with walnut sauce & pomelo salad

구운 민물가재와 월넛 소스 & 포멜로 샐러드

Ingredients / 재료

1마리	Yabby(민물가재)
	Olive oil(올리브 오일)
	Salt, Pepper(소금, 후추)

Walnut sauce(월넛 소스)

150g	Walnut(호두)
50g	Almond(아몬드)
80ml	Olive oil(올리브 오일)
10g	Garlic(마늘)
30g	Bread crumb(빵가루)
50g	Parmesan cheese(파마산 치즈)
200ml	Milk(우유)
80ml	Fresh cream(크림)
	Salt, Pepper(소금, 후추)

Pomelo salad(포멜로 샐러드)

100	Pomelo pulp(포멜로 과육)
10ml	Lime juice(라임 즙)
	Extra virgin olive oil
	(엑스트라 버진 올리브 오일)
	Salt(소금)
	Lilac blossom(식용 라일락꽃)

Method / 조리법

오븐을 190도로 예열하고 민물가재 몸통부분의 껍질을 제거한다. 오븐 팬에 민물가재를 올리고 브러시를 이용하여 올리브 오일을 바른 후 오븐에 넣어 10분 정도 익힌다.

월넛 소스 푸드 프로세서에 호두, 아몬드, 마늘 그리고 올리브 오일을 함께 넣어 곱게 갈아준다. 곱게 갈리면 빵가루와 우유를 넣고 한 번 더 갈아준 후 체에 걸러 소스 팬에 담아준다. 소스 팬을 중불에 올리고 크림과 파마산 치즈를 넣어 소스의 농도를 맞추면서 끓이고 소금, 후추로 간을 맞춘다.

포멜로 샐러드 믹싱 볼에 포멜로 과육, 라임 즙과 함께 약간의 엑스트라 버진 올리브 오일을 넣어 잘 섞어주고 소금으로 간을 맞춰 준비한다.

To serve / 담기

월넛 소스를 접시에 동그랗게 올려담고 오븐에 익혀 준비한 민물가재를 올려준다. 민물가재 몸통 위로 포멜로 샐러드를 올린 후 식용 라일락꽃을 올려 마무리한다.

Fried fresh anchovies with Ice plant salad & anchovy aioli

기장멸치 튀김과 아이스 플랜트 샐러드 & 앤초비 아이올리

Ingredients / 재료

20마리 Anchovies(기장멸치)
1개 Egg(달걀)
50g Bread crumb(빵가루)
50g Semolina(세몰리나)
  Salt, Pepper(소금, 후추)

Anchovy aioli(앤초비 아이올리)

30g Anchovies(앤초비)
300g Mayonnaise(마요네즈, page 400)
30g Garlic(마늘)
50ml Extra virgin olive oil
  (엑스트라 버진 올리브 오일)
20ml Lemon juice(레몬 즙)
  Pepper(후추)

Pickled red onions(레드 어니언 피클)

100g Red onion(적양파)
50ml Red wine vinegar(레드 와인 식초)
20g Sugar(설탕)
3g Salt(소금)
5g Whole peppercorns(통후추)

Lemon vinegrette(레몬 비네그네트)

20g Lemon pulp(레몬 과육)
50ml Champagne vinegar(샴페인 식초)
100ml Extra virgin olive oil
  (엑스트라 버진 올리브 오일)
  Salt(소금)

100g Ice plant(아이스 플랜트)

Method / 조리법

기장멸치를 깨끗하게 손질한 후 살 부분만 손으로 조심스럽게 뜯어내어 잔뼈를 제거하고 페이퍼 타월로 물기를 제거한 후 소금, 후추로 밑간한다. 빵가루와 세몰리나를 섞고 손질된 멸치에 달걀물과 빵가루를 순서대로 묻혀서 180도로 예열한 튀김기에 튀긴다.

앤초비 아이올리 앤초비와 마늘을 올리브 오일과 함께 블렌더에 넣고 완전히 곱게 간다. 그 후 마요네즈, 레몬 즙과 함께 믹싱 볼에 넣은 후 위스크를 이용하여 모든 재료를 잘 섞이도록 저어준다.

To serve / 담기

접시에 아이스 플랜트 샐러드를 올린 후 어니언 피클과 아이올리를 주변에 올린다. 튀겨진 멸치를 샐러드 위에 놓고 비네그네트를 샐러드 위로 뿌려서 마무리한다.

레드 어니언 피클 적양파는 망돌린(Mandoline)을 이용하여 1mm 두께로 밀고 소스 팬에 양파를 제외한 모든 재료를 넣고 5분 정도 끓인 후 용기에 양파와 주스를 넣어 1일 이상 숙성한다.

레몬 비네그네트 믹싱 볼에 모든 재료를 넣어 잘 섞어주고 소금으로 간을 맞춘다.

Boquerones in white balsamic vinegar with oven-dried cherry tomatoes & garlic chips

화이트 발사믹 보퀘로네즈와 드라이 체리토마토 & 마늘 칩

Ingredients / 재료

Boquerones(보퀘로네즈)

500g	Fresh anchovies(기장멸치)
300g	Salt(소금)
300ml	White balsamic vinegar (화이트 발사믹 식초)
50g	Garlic(마늘)
100g	Italian parsley(이탤리언 파슬리)
200ml	Extra virgin olive oil (엑스트라 버진 올리브 오일)

Oven-dried cherry tomatoes (드라이 체리토마토)

200g	Cherry tomato(체리토마토)
20g	Thyme(타임)
	Olive oil(올리브 오일)
	Salt(소금)

Fried garlic chip(마늘 칩)

100g	Garlic(마늘)
	Canola oil(카놀라유)

Golden Frill mustard(골든 프릴 머스터드)
Sorrel(쏘렐)
Chervil(처빌)
Dill(딜)
Borage flower(보리지꽃)
Extra virgin olive oil
(엑스트라 버진 올리브 오일)

Method / 조리법

보퀘로네즈 기장멸치의 대가리와 내장을 제거하여 깨끗하게 손질한다. 용기에 넣은 손질된 멸치에 차곡 차곡 소금을 뿌려가며 쌓은 후 냉장고에 넣어 10시 간 정도 염장시킨다.

10시간 후 멸치가 염장되면 용기에 화이트 발사믹 식초를 부어주고 용기를 흔들어 골고루 섞이게 한다. 그리고 다시 냉장고에서 하루 정도 절여준다. 절여진 멸치를 건져 체에 밭쳐 손으로 멸치의 살과 뼈를 분리한 후 살 부분만 페이퍼 타월에 올려 물기를 제거한다.

마늘은 슬라이스하고 파슬리는 거칠게 다져서 올리브 오일과 함께 믹싱 볼에 넣어 잘 섞어준다. 유리용기 에 손질된 멸치살과 믹싱 볼의 오일을 차곡차곡 넣어 가며 쌓아 냉장고에 2일 정도 숙성한다.

드라이 체리토마토 오븐은 100도로 예열하여 준비 하고 체리토마토는 끓는 물에 데쳐 껍질을 제거한다. 오븐 트레이에 체리토마토를 올려 브러시로 올리브 오일을 발라주고 타임과 소금을 뿌린 후 오븐에 넣어 1시간 정도 말린 뒤 식힌다.

마늘 칩 마늘을 3mm 두께로 슬라이스한 후 물에 헹궈주고 물기를 제거하여 카놀라유에 바싹하게 튀긴다.

To serve / 담기

접시 위에 드라이 체리토마토를 올리고 그 위에 보퀘 로네즈와 마늘 칩을 올려준다. 주위에 골든 프릴 머스터드, 쏘렐, 처빌, 딜과 보리지꽃을 올리고 엑스 트라 버진 올리브 오일을 뿌려 마무리한다.

Stuffed sea smelt with crab & paprika tomato jam
크랩 스터프트 보리멸과 파프리카 토마토잼

Ingredients / 재료

2마리   Sea smelt(보리멸)
         Rice flour(쌀가루)
         Olive oil(올리브 오일)
         Salt, Pepper(소금, 후추)

Crab stuffing(게살 스터핑)
50g   Crab meat(게살)
10g   Walnut(호두)
30g   Egg white(달걀 흰자)
      Italian parsley(이탈리언 파슬리)
      Olive oil(올리브 오일)

Paprika tomato jam(파프리카 토마토잼)
100g   Red paprika(레드 파프리카)
50g   Tomato(완숙토마토)
30ml   Red wine vinegar(레드 와인 식초)
10g   Garlic(마늘)
5ml   Fish sauce(피시 소스)
10g   Black sugar(흑설탕)
10ml   Lime juice(라임 즙)
      Oregano(오레가노)
      Olive oil(올리브 오일)
      Salt, Pepper(소금, 후추)

      Dill oil(딜 오일, page 77)

      Nasturtium(한련화)
      Chervil & flower(처빌 & 꽃)
      Lavender flower(라벤더꽃)
      Borage(보리지)
      Pansy(팬지)
      Frill mustard(프릴 머스터드)
      Heliotropium(헬리오트로피움)
      Blue Cornflower(수레국화)
      Carnation(향 카네이션)

Method / 조리법

게살 스터핑 블렌더에 모든 재료를 넣고 잘 혼합되도록 갈아서 반죽을 만들어주고 소금, 후추로 간을 맞춘 후 냉장고에 넣어 차갑게 준비한다.

보리멸의 대가리와 내장을 제거한 후 배 쪽을 갈라 얇게 포를 떠서 뼈를 제거하고 소금, 후추로 밑간을 한다. 배 쪽의 물기를 잘 제거한 후 준비된 스터핑을 샌드위치처럼 채워 넣고 전체적으로 골고루 쌀가루를 묻혀서 준비한다. 프라이팬을 중불에 올리고 올리브 오일을 두른 후 속을 채운 보리멸을 올려 뒤집어 가면서 노릇하게 구워 준비한다.

파프리카 토마토잼 파프리카는 토치(Gas torch)로 껍질을 태워서 제거하고 완숙토마토는 끓는 물에 데쳐 껍질을 제거한 후 찹핑(Chopping)하여 준비한다. 소스 팬을 중불에 올리고 올리브 오일과 마늘을 다져 넣고 3분 정도 노릇하게 익혀준 후 흑설탕과 피시 소스를 넣어준다. 피시 소스가 조려지고 흑설탕이 녹아 끓기 시작하면 레드 와인 식초를 넣고 1/2까지 조려준다. 찹핑된 파프리카와 토마토를 넣고 잘 저어주며 15분 정도 익혀주고 오레가노와 라임 즙을 넣은 후 소금과 후추로 간을 맞춰 준비한다.

To serve / 담기

접시 중앙에 원형 틀을 놓고 파프리카 토마토잼을 채워 넣는다. 구워서 준비된 보리멸을 잼 위에 올려주고 허브와 식용 꽃잎들을 보리멸 위에 올린 후 딜 오일을 뿌려 마무리한다.

Fresh oysters with 3 condiments
생굴과 3가지의 콘디먼트

Ingredients / 재료

500g   Fresh oyster(생굴)

**Lemon vinaigrette & salmon roe
(레몬 비네그레트 & 연어알)**
60ml   Lemon juice(레몬 즙)
100ml Extra virgin olive oil
       (엑스트라 버진 올리브 오일)
50g   Salmon roe(연어알)

**Grapefruit vinaigrette & fresh grapefruit
(자몽 비네그레트 & 생자몽)**
50ml   Grapefruit juice(자몽 즙)
10ml   Honey(꿀)
30g   Red wine vinegar(레드 와인 식초)
100ml Extra virgin olive oil
       (엑스트라 버진 올리브 오일)
       Salt(소금)
30g   Grapefruit pulp(자몽 과육)

**Coriander vinaigrette & apple pickle
(고수 비네그레트 & 사과피클)**
60g   Coriander(고수)
50ml   White wine vinegar(화이트 와인 식초)
100ml Extra virgin olive oil
       (엑스트라 버진 올리브 오일)
       Salt(소금)

50g   Apple(사과)
80ml   Pickle juice(피클주스)
       Mini basil(미니 바질)
       Pansy(팬지)
       China pink flower(패랭이꽃)
       Salt(굵은소금)

Method / 조리법

생굴은 오이스터 나이프를 이용하여 위 껍질을 제거하고 흐르는 물에 깨끗하게 손질하여 물기를 제거한 후 냉장고에 넣어 준비한다.

레몬 비네그레트 레몬 즙과 올리브 오일을 믹싱 볼에 넣고 위스크를 이용하여 잘 섞는다.

자몽 비네그레트 믹싱 볼에 모든 재료를 넣고 위스크를 이용하여 잘 섞고 소금으로 간을 맞춘다.

고수 비네그레트 고수와 올리브 오일을 블렌더에 넣고 곱게 갈아 거즈에 걸러준 후 믹싱 볼에 넣어 식초와 함께 섞고 소금 간을 맞춘다.

사과피클 사과는 작은 크기의 파리지엔으로 볼을 판 후 피클주스와 함께 용기에 넣어 냉장고에서 하루 정도 숙성한다.

To serve / 담기

접시에 굵은소금을 길게 놓고 그 위에 손질된 생굴을 올린다. 레몬 비네그레트와 연어알, 자몽 비네그레트와 자몽 과육 그리고 고수 비네그레트와 사과피클을 생굴 위에 올린다. 미니 바질을 주위로 올려주고 주위에 팬지와 패랭이꽃을 놓아 마무리한다.

목포수협 위판장

Pan-fried skate wing with langoustine & warm beetroot salad

팬에 구운 가오리와 랑구스틴 & 따뜻한 비트 샐러드

Ingredients / 재료

300g	Skate wing(가오리 날개)
100g	Langoustine(랑구스틴)
30g	Sage(세이지)
	Flour(밀가루)
	Butter(버터)
	Olive oil(올리브 오일)
	Salt, Pepper(소금, 후추)

Beetroot salad(비트 샐러드)

Red beetroot(작은 레드 비트)
Golden beetroot(작은 골든 비트)
White wine vinegar
(화이트 와인 식초)
Extra virgin olive oil
(엑스트라 버진 올리브 오일)
Sugar(설탕)
Salt(소금)

Deep fried bell caper(벨 케이퍼 튀김)

50g	Bell caper(벨 케이퍼)
40g	Flour(밀가루)
40g	Potato starch(감자전분)
50ml	Beer(맥주)

Dill oil(딜 오일, page 77)
Avocado cream
(아보카도 크림, page 115)
Carrot puree(당근 퓌레, page 157)
Langoustine bisque
(랑구스틴 비스큐, page 401)
Dill(딜)
Baby basil(미니 바질)
Rhubarb(루바브)

Method / 조리법

가오리는 껍질과 몸통 쪽의 큰 뼈를 제거하고 날개 부분만 손질한 후 밀가루를 묻혀주고 소금, 후추로 밑간을 한다. 중불의 프라이팬에 올리브 오일을 두르고 손질된 가오리 날개를 올려준다. 버터와 함께 세이지를 넣고 뒤집어주면서 아로제(Arroser)를 하여 익혀 건지고 남아 있는 오일에 랑구스틴을 넣고 익힌다.

비트 샐러드 오븐을 200도로 예열하고 쿠킹 호일에 비트를 놓고 화이트 와인 식초와 소금을 뿌려 감싼 뒤 오븐에 30분 정도 넣어 완전히 익힌다. 익혀진 비트를 꺼내어 껍질을 벗기고 절반으로 잘라 믹싱 볼에 넣는다. 화이트 와인 식초, 올리브 오일과 함께 약간의 설탕을 넣고 소금으로 간을 맞춘다.

벨 케이퍼 튀김 믹싱 볼에 밀가루와 전분을 넣고 맥주를 부으면서 걸쭉한 반죽을 만든다. 그 후 벨 케이퍼에 묻혀 180도로 예열된 튀김기에 넣어 튀긴다.

To serve / 담기

접시에 구운 가오리를 놓고 그 위에 랑구스틴을 올린다. 비트 샐러드와 벨 케이퍼 튀김을 한쪽에 올려주고 그 사이에 와사비 크림과 당근 퓌레를 올린다. 비스큐를 가오리 옆으로 놓고 딜 오일을 곁들인다. 루바브를 얇게 밀어서 올리고 딜과 미니 바질을 놓아 마무리한다.

Butter poached Razor clams with wild chive pesto & crispy bacon powder

맛조개와 달래 페스토 & 베이컨 파우더

Ingredients / 재료

400g	Razor clams(맛조개)
100ml	Fish stock(피시 스톡, page 402)
100ml	White wine(화이트 와인)
200g	Clarified Butter(정제버터)
20g	Italian parsley(이탈리언 파슬리)
5g	Salt(소금)

Wild chive pesto(달래 페스토)

100g	Wild chive(달래)
50g	Wild arugula(와일드 루콜라)
80g	Parmesan cheese(파마산 치즈)
50g	Roasted pine nut(구운 잣)
10g	Garlic(마늘)
100ml	Extra virgin olive oil (엑스트라 버진 올리브 오일)
	Salt(소금)

Bacon powder(베이컨 파우더)

100g	Bacon(베이컨)
20g	Garlic(마늘)
10g	Thyme(타임)

Butternut Squash puree
(땅콩호박 퓌레, page 158)
Mayonnaise(마요네즈, page 400)
Cherry tomatoes(체리토마토)
Frisee(프리세)
Mini basil(미니 바질)
Dill & flower(딜 & 꽃)
China pink flower(패랭이꽃)
Primula(프리뮬러)

Method / 조리법

맛조개는 염도 3%의 물에 넣고 하루 이상 해감한다. 껍질을 제거해 조갯살만 깨끗하게 손질한다. 냄비에 피시 스톡, 화이트 와인, 이탤리언 파슬리와 마늘을 넣고 스톡이 끓기 시작하면 정제버터와 소금을 넣고 약불로 줄여준다. 손질된 맛조개를 스톡에 넣고 약불에서 2분 정도 익힌다.

달래 페스토 끓는 물에 달래와 루콜라를 넣고 살짝만 데쳐 얼음물에 넣어 식힌 후, 물기를 꼭 짜서 블렌더에 넣는다. 나머지 재료들도 함께 블렌더에 넣어주고 곱게 갈아서 페스토를 만든다. 간은 소금으로 맞추면 된다.

베이컨 파우더 중불에 프라이팬을 올리고 베이컨을 잘게 다져서 올린다. 기름이 나오면서 끓으면 약불로 줄이고 마늘을 얇게 슬라이스해서 넣고 타임도 잎 부분만 따서 넣는다. 베이컨과 마늘이 갈색이 되고 기름이 모두 빠지면 체에 밭쳐 페이퍼 타월에 올려 기름을 제거하고 블렌더에 잘게 갈아서 준비한다.

To serve / 담기

믹싱 볼에 달래 페스토와 맛조개를 20mm 크기로 잘라 무친다. 원형 틀을 이용하여 접시에 베이컨 파우더를 올리고 맛조개 껍데기를 올린다. 껍데기 위로 무친 맛조개와 땅콩호박 퓌레를 올리고 체리토마토와 허브를 올린다. 베이컨 파우더 위에 마요네즈를 조금 올리고 딜 & 꽃, 패랭이꽃과 프리뮬러를 올려 마무리한다.

Steamed egg cockles with garlic veloute & caviar

새조개 찜과 갈릭 벨루테 & 캐비아

Ingredients / 재료

10마리 Egg cockles(새조개)

Garlic veloute(갈릭 벨루테)
150g   Garlic(마늘)
30g   Pancetta(판체타)
50g   Large green onion(대파 흰 부분)
60ml   White wine(화이트 와인)
80ml   Fresh cream(생크림)
100ml Chicken stock(치킨 스톡, page 401)
       Olive oil(올리브 오일)
       Salt, Pepper(소금, 후추)

       Dill oil(딜 오일, page 77)
5g   Caviar(캐비아)

       Seaweed(고장초)
       Pelargonium(펠라고늄)
       Dill(딜)
       Dill flower(딜꽃)
       Nasturtium(한련화)
       Nasturtium flower(한련화꽃)
       Mint(민트)
       Oregano(오레가노)

Method / 조리법

스티머 물이 끓으면 새조개를 넣고 8분 정도 익힌 후 꺼내어 껍질과 살을 분리해서 살의 내장과 이물질을 제거한다. 껍질은 깨끗하게 씻어서 준비한다.

갈릭 벨루테 소스 팬을 중불에 올리고 약간의 올리브 오일과 판체타를 다져서 넣은 후 5분 정도 익힌다. 판체타의 기름이 빠지고 바싹하게 익기 시작하면 대파의 흰 부분과 마늘을 다져서 넣고 익힌다. 재료들이 바닥에 붙으면서 익기 시작하면 화이트 와인을 넣어 데글레이징을 하고 치킨 스톡을 부어 10분 정도 더 익혀준다. 마늘이 부서질 정도로 익기 시작하면 크림을 붓고 소금, 후추로 간을 맞추며 5분 정도 더 익히고 블렌더에 넣어 곱게 간다.

To serve / 담기

볼 접시 바닥에 새조개 껍데기를 깔아 모양을 잡고 위쪽의 껍데기 속에 갈릭 벨루테를 채워준다. 벨루테 위로 익힌 새조개 살과 캐비아를 올려준다. 벨루테 주변으로 딜 오일을 뿌려주고 딜과 딜꽃을 올린다. 고장초와 허브, 펠라고늄을 껍데기 사이에 놓아 마무리한다.

Gooseneck barnacles with morning glory salad & smoked rainbow trout roe

거위목따개비와 모닝 글로리 샐러드 & 훈제 무지개 송어알

Ingredients / 재료

500g   Gooseneck barnacles(거위목따개비)

Dill vinegrette(딜 비네그레트)
20g   Dill(딜)
10g   Lemon zest(레몬 제스트)
10g   Sugar(설탕)
10g   Dijon mustard(디종 머스터드)
100ml   Extra virgin olive oil
         (엑스트라 버진 올리브 오일)
         Salt, Pepper(소금, 후추)

Morning glory oil(모닝 글로리 오일)
100g   Morning glory leaves(모닝 글로리 잎)
100ml   Extra virgin olive oil
         (엑스트라 버진 올리브 오일)
         Salt(소금)
100g   Morning glory stem(모닝 글로리 줄기)
50g   Smoked rainbow trout roe
         (훈제 무지개 송어알)
30g   Oak leaf lettuce(오크리프 레터스)
30g   Baby Lollo Rosso(롤로로소 새싹)

Method / 조리법

거위목따개비는 솔을 이용해서 이물질을 깨끗하게 손질하고 끓는 물에 넣어 10분 정도 익힌 후 얼음 물에 식힌다. 거위목따개비의 반은 껍질과 머리 부분을 완전히 제거하고 나머지 반은 머리 부분을 남기고 몸통 부분만 껍질을 제거한다.

딜 비네그레트 믹싱 볼에 딜을 곱게 다져서 모든 재료를 넣고 위스크를 이용하여 잘 섞어준 뒤 소금, 후추로 간을 맞춘다.

모닝 글로리 오일 끓는 물에 소금을 넣고 모닝 글로리 줄기는 놔두고 잎만 따서 5초 정도만 데쳐 얼음물에 넣고 식힌다. 물기를 꼭 짜서 제거하고 올리브 오일과 함께 블렌더에 넣고 곱게 갈아준다. 체에 거즈(Gauze)를 놓고 갈아준 오일을 부어 맑게 걸러서 준비한다.

모닝 글로리 줄기에서 꽃대 부분은 따로 분리하고 줄기의 껍질은 얇게 벗겨내고 끓는 물에 데친 후 얼음물에 식혀서 준비한다.

To serve / 담기

접시에 오크리프 레터스와 롤로로소 새싹을 올리고 거위목따개비와 모닝 글로리 줄기도 함께 올려준다. 스푼으로 딜 비네그레트를 전체적으로 뿌리고 훈제 송어알을 놓은 후 모닝 글로리 오일을 뿌려준다. 모닝 글로리 꽃대와 꽃잎을 올려 마무리한다.

Steamed mussels with lemon sherbet dressing & nasturtium oil

홍합찜 & 레몬 셔벗 드레싱, 한련화 오일

Ingredients / 재료

Steamed Mussels(홍합 찜)

200g	Mussels(홍합)
100ml	White wine(화이트 와인)
20g	Thyme(타임)
30g	Garlic(마늘)
	Butter(버터)
	Olive oil(올리브 오일)

Lemon Sherbet Dressing (레몬 셔벗 드레싱)

50ml	Lemon juice(레몬 즙)
100ml	Extra virgin olive oil (엑스트라 버진 올리브 오일)
10ml	Simple syrup (심플 시럽)

Nasturtium oil (한련화 오일)

100g	Nasturtium leaves(한련화 잎)
100g	Italian parsley(이탈리언 파슬리)
300ml	Extra virgin olive oil (엑스트라 버진 올리브 오일)
	Salt(소금)
	Sorrel(쏘렐)
	Nasturtium leaves(한련화 잎)
	Marigold flower(메리골드꽃)

Method / 조리법

홍합 찜 중불에 소스 포트를 올리고 올리브 오일을 두른 후 마늘을 슬라이스해서 넣고 색이 나기 시작하면 버터를 넣는다. 버터가 녹아 끓기 시작하면 타임과 홍합을 넣고 저어주다가 화이트 와인을 넣어 뚜껑을 덮고 5분 정도 익혀준다. 홍합이 익으면 홍합살만 추려내어 준비한다.

레몬 셔벗 드레싱 용기에 모든 재료를 넣고 핸드 블렌더를 이용하여 잘 섞이도록 갈아주고 냉동실에 넣어 보관한다. 재료가 모두 얼어서 셔벗 형태가 되면 핸드 블렌더로 한번 더 갈아 셔벗이 부드럽고 걸쭉한 형태가 되도록 만들어 준비한다.

한련화 오일 끓는 물에 소금, 한련화, 파슬리를 넣고 5초 정도만 데친 후 얼음물에서 건져낸 뒤 물기를 제거한다. 올리브 오일과 함께 블렌더에 곱게 갈아준다. 녹색의 액체상태 정도로 갈아지면 거즈에 걸러 준비한다.

To serve / 담기

접시에 레몬 셔벗 드레싱을 올리고 그 위에 홍합살을 놓는다. 쏘렐, 한련화와 메리골드꽃을 홍합 위에 올려주고 주위에 한련화 오일을 부려 마무리한다.

Mackerel confit & pickled cucamelon with orange water jelly

고등어 콩피 & 쿠카멜론 피클과 오렌지 워터 젤리

Ingredients / 재료

Mackerel confit(고등어 콩피)

1마리	Mackerel(고등어)
500ml	Olive oil(올리브 오일)
1개	Lemon(레몬)
20g	Garlic(마늘)
10g	Thyme(타임)
10g	Dill(딜)
	Salt, Pepper(소금, 후추)

Pickled cucamelon(쿠카멜론 피클)

50g	Cucamelon(쿠카멜론)
100ml	Pickle juice(피클주스)
20g	Lemon zest(레몬 제스트)
20g	Orange zest(오렌지 제스트)

Orange water jelly(오렌지 워터 젤리)

100ml	Orange juice(오렌지 즙)
20ml	Lemon juice(레몬 즙)
30ml	Water(물)
10g	Cinnamon stick(시나몬 스틱)
1장	Gelatin(젤라틴)

	Orange segment(오렌지 세그먼트)
	Wood sorrel(우드 쏘렐)
	Heliotropium(헬리오트로피움)

Method / 조리법

고등어 콩피 오븐은 120도로 예열하고 고등어는 내장과 대가리를 깨끗하게 손질하여 포를 뜬다. 등살과 뱃살을 반으로 잘라 페이퍼 타월로 물기를 제거하고 소금, 후추로 밑간하여 준비한다. 약불의 소스 팬에 올리브 오일과 타임, 딜을 넣고 5분 정도 익혀서 꺼낸다. 레몬과 마늘을 얇게 슬라이스해서 오일이 있는 소스 팬 바닥에 깔아주고 그 위에 손질된 고등어와 건져낸 허브를 고등어 위에 올려준다. 뚜껑을 덮고 예열된 오븐에 넣어 1시간 정도 익혀서 준비한다.

쿠카멜론 피클 소스 팬에 피클주스, 레몬, 오렌지 제스트를 넣고 5분 정도 끓이다가 식힌다. 용기에 쿠카멜론과 함께 담아 냉장고에서 1일 이상 숙성시켜 준비한다.

오렌지 워터 젤리 모든 재료를 냄비에 담고 약불에서 5분 정도 끓여주고 체에 거른 후 용기에 담아 냉장고에서 식혀 준비한다.

To serve / 담기

고등어를 오일에서 조심스럽게 건져 페이퍼 타월 위에서 기름을 제거한 후 접시 위에 올려준다. 오렌지 워터 젤리를 옆으로 놓고 쿠카멜론은 반으로 잘라 오렌지 세그먼트와 함께 올려준다. 우드 쏘렐과 헬리오트로피움을 올려 마무리한다.

좋은 재료의 발견은
정말 멋지고
행복한 하루의 시작이다.

Champagne poached john dory with almond crunch & green herb sauce, pansy salad

샴페인에 익힌 존 도리와 아몬드 크런치 & 그린 허브 소스, 팬지 샐러드

Ingredients / 재료

1마리	John dory(존 도리)
500ml	Champagne(샴페인)
10g	Thyme(타임)
50g	Butter(버터)
	Salt(소금)

Green herb sauce(그린 허브 소스)

50g	Basil(바질)
20g	Italian parsley(이탤리언 파슬리)
20g	Dill(딜)
10g	Coriander(코리앤더)
5ml	Champagne vinegar(샴페인 식초)
10ml	Lime juice(라임 즙)
50ml	Extra virgin olive oil (엑스트라 버진 올리브 오일)
	Salt(소금)

Almond crunch(아몬드 크런치)

80g	Sour dough bread(사워 도우 브레드)
100g	Peeled almond(탈피 아몬드)
30g	Butter(버터)
10g	Lemon zest(레몬 제스트)
	Olive oil(올리브 오일)
	Salt(소금)
	Pansy(팬지)
	Pelargonium(펠라고늄)

Method / 조리법

아몬드 크런치 약불에 프라이팬을 올리고 올리브 오일을 두른다. 아몬드를 넣고 사워 도우 브레드는 아몬드 크기로 작게 잘라 함께 넣고 노릇하게 익을 때까지 구워준다. 색이 나면서 바싹하게 익기 시작하면 버터와 레몬 제스트를 넣고 5분 정도 더 익혀준다. 익힌 재료들을 페이퍼 타월 위에 올려 기름기를 제거하고 식혀준 후 블렌더에 넣고 소금 간을 맞추면서 파우더가 되도록 간다.

그린 허브 소스 바질, 이탤리언 파슬리, 딜과 코리앤더를 녹즙기에 넣어 즙을 짜고 샴페인 식초, 라임 즙 및 올리브 오일과 함께 핸드 블렌더로 잘 섞고 소금으로 간을 맞춰 소스를 준비한다.

존 도리는 대가리와 내장을 제거하고 포를 뜬 후 껍질을 제거한다. 냄비에 샴페인과 타임을 넣어 중불에 올리고 끓기 시작하면 약불로 줄인다. 버터와 약간의 소금을 넣은 후 존 도리를 넣어 시머링(Simmering)으로 5분 정도 익힌다. 존 도리를 건져낸 후 페이퍼 타월로 물기를 제거하고 생선살 위에 아몬드 크런치를 올린다.

To serve / 담기

접시에 그린 허브 소스를 전체적으로 붓고 준비된 존 도리를 놓는다. 팬지와 펠라고늄을 옆으로 올려서 마무리한다.

Red scallop tartare & cucamelon with seaweed salad

홍가리비 타르타르 & 쿠카멜론과 해초 샐러드

Ingredients / 재료

Red scallop tartare(홍가리비 타르타르)

3마리	Red scallop(홍가리비)
10ml	Lime juice(라임 즙)
5g	Honey(꿀)
	Hazelnut oil(헤이즐넛 오일)
	Salt, Pepper(소금, 후추)

Seaweed salad(해초 샐러드)

Seaweed(고장초)
Sea grapes(바다포도)
Maple lemon vinaigrette
(메이플 레몬 비네그레트, page 201)

Dill oil(딜 오일, page 77)

Cucamelon(쿠카멜론)
Watercress(워터크레스)
Bronze fennel(브론즈 펜넬)
Bronze fennel flower(브론즈 펜넬꽃)
Blue sage flower(블루 세이지꽃)
Dandelion flower(단델리온꽃)

Method / 조리법

홍가리비 타르타르 가리비는 껍질을 제거하고 관자살을 분리하여 흐르는 물에 깨끗하게 손질한 후 1mm 크기로 잘게 잘라 준비한다. 믹싱 볼에 준비된 가리비살과 라임 즙, 꿀과 헤이즐넛 오일을 넣고 스푼으로 조심스럽게 혼합하여 주고 소금과 후추로 간을 맞춰 준비한다.

해초 샐러드 해초들을 물로 깨끗하게 손질하고 물기를 제거한 후 믹싱 볼에 넣고 비네그레트와 버무려 준비한다.

To serve / 담기

볼 접시에 깨끗하게 손질된 가리비 껍질을 채워주고 해초 샐러드를 올려준다. 담겨진 샐러드 위로 타르타르를 담을 수 있도록 손질된 껍질을 뒤집어서 올려주고 커넬 스푼(Quenelle spoon)으로 타르타르를 모양 잡아 올린 후 그 위에 딜 오일을 부려준다. 쿠카멜론을 반으로 잘라 타르타르 옆으로 놓아주고 워터크레스와 브론즈 펜넬을 함께 곁들여준다. 브론즈 펜넬꽃, 블루 세이지꽃과 단델리온 꽃잎을 올려 마무리한다.

Surf clam chowder soup with pickled beech mushroom

명주조개 클램 차우더 수프와 만가닥버섯 피클

Ingredients / 재료

Clam chowder(클램 차우더)

600g	Surf clam(명주조개)
300g	Potato(감자)
20g	Garlic(마늘)
30g	Italian parsley(이탤리언 파슬리)
100ml	White wine(화이트 와인)
100ml	Vegetable stock
	(베지터블 스톡, page 402)
300ml	Milk(우유)
100ml	Fresh cream(생크림)
50g	Butter(버터)
50g	Flour(밀가루)
	Olive oil(올리브 오일)
	Salt, Pepper(소금, 후추)

Pickled beech mushroom(만가닥버섯 피클)

100g	Beech mushroom(만가닥버섯)
150ml	Pickle juice(피클주스, page 400)
30g	Beetroot(비트)

Beefsteak plant flowers(차조기꽃)
Chervil(처빌)
Oregano(오레가노)

Method / 조리법

클램 차우더 명주조개를 염도 3%의 소금물에 넣고 1일 이상 보관하여 해감시켜 준비한다. 중불에 냄비를 올려 올리브 오일을 두르고 마늘을 넣고 해감시킨 명주조개를 넣는다. 명주조개의 입이 몇 개씩 벌어지기 시작하면 이탤리언 파슬리와 화이트 와인을 넣고 뚜껑을 덮어 5분 정도 익혀준다. 익힌 명주조개는 체에 밭쳐 육수와 조갯살을 분리해서 준비한다. 냄비에 베지터블 스톡, 우유와 함께 감자를 썰어 넣고 감자가 완전히 익을 때까지 약불에서 익혀준다. 소스 팬에 버터를 넣고 약불로 녹이다가 밀가루를 넣어 루(roux)를 만들고 크림을 넣어 위스크로 잘 저어 풀어준다. 준비된 우유와 감자를 루에 부어주고 명주조개 스톡도 함께 넣어 잘 저어주며 10분 정도 끓여준다. 핸드 블렌더로 부드럽게 갈고 소금, 후추로 간을 맞춰 클램 차우더를 준비한다.

만가닥버섯 피클 냄비에 피클주스와 비트를 다져 넣고 끓인 후에 블렌더에 갈아 시누아에 걸러주고 만가닥버섯과 함께 용기에 담아 하루 정도 냉장고에서 숙성시켜 준비한다.

To serve / 담기

수프 볼에 클램 차우더를 담고 익힌 명주조개 살을 올리고 조개 껍데기에 차조기꽃과 처빌을 채운 후 가운데에 올려준다. 만가닥버섯 피클을 주위에 함께 올리고 차조기꽃, 처빌과 오레가노를 올려 마무리한다.

Ceviche cured red prawns with almond cream sauce & pickled radish trio

세비체에 절인 홍새우와 아몬드 크림소스 & 3가지 무 피클 샐러드

Ingredients / 재료

2마리 Red prawns(홍새우)
1개 Cucumber(조선 오이)

Ceviche(세비체)

20ml Lime juice(라임 즙)
20ml Lemon juice(레몬 즙)
10ml Grapefruit juice(자몽 즙)
10g Fresh coriander(고수)
3g Sugar(설탕)
40ml Olive oil(올리브 오일)
  Salt, Pepper(소금, 후추)

Pickled radish(무 피클)

200g 3 radishes(무 3종류)
  Pickle juice(피클주스, page 400)

Almond cream sauce(아몬드 크림소스)

150g Almond(아몬드)
80ml Fresh cream(생크림)
20g Onion(양파)
50ml Chicken stock(치킨 스톡, page 401)
20g Butter(버터)
10ml Lemon juice(레몬 즙)
  Potato starch(감자전분)
  Salt, Pepper(소금, 후추)

  Smoked trout roe(훈제 송어알)
  White balsamic reduction
  (화이트 발사믹 리덕션, page 400)
  Baby basil(미니 바질)
  Basil flowers(바질꽃)
  Stoke flowers(스토크꽃)

Method / 조리법

홍새우는 꼬리 부분을 제외하고 껍질을 제거해 손질하여 세비체와 함께 용기에 넣고 버무려 2시간 정도 숙성하여 준비한다. 숙성된 홍새우를 건져내 페이퍼 타월에 올려 물기를 빼면서 준비한다. 조선 오이를 0.5mm 두께로 얇게 저미고 포개서 쌀은 후 홍새우 몸통과 함께 말아서 준비한다.

세비체 고수는 곱게 다져주고 믹싱 볼에 모든 재료를 넣어 잘 섞어주고 소금, 후추로 간을 맞춰 준비한다.

무 피클 모든 무를 0.5mm 두께로 얇게 저며 잠길 만큼 피클주스와 함께 용기에 넣고 냉장고에서 1일 이상 숙성시켜 준비한다.

아몬드 크림소스 아몬드는 껍질을 제거하고 약불에 소스 팬을 올려 버터를 두른 후에 양파를 다져 넣고 5분 정도 익혀준다. 아몬드와 함께 크림, 치킨 스톡을 넣고 10분 정도 더 익힌 후에 감자전분과 레몬 즙을 넣은 후 불을 끄고 핸드 블렌더로 곱게 갈아 소스를 만들고 소금, 후추로 간을 맞춰 준비한다.

To serve / 담기

무 피클을 종류별로 고깔 모양으로 말고 둥글게 놓은 후 고깔 속에 훈제 송어알을 채워준다. 조선 오이와 홍새우를 올리고 오이 위로 화이트 발사믹 리덕션을 부려준 후 아몬드 소스도 접시에 함께 올려준다. 미니 바질, 바질꽃과 스토크꽃을 올려 마무리한다.

전라북도 고창 구시포 주꾸미 어선

Poached webfoot octopus with yuja vinaigrette & garlic squid ink sauce

데친 주꾸미와 유자 비네그레트 & 갈릭 갑오징어 먹물 소스

Ingredients / 재료

100g	Webfoot octopus(주꾸미)
	Salt(소금)

Yuja vinaigrette(유자 비네그레트)

50ml	Yuja juice(유자 즙)
10g	Yuja zest(유자 제스트)
20ml	Champagne vinegar(샴페인 식초)
10ml	Honey(꿀)
80ml	Extra virgin olive oil
	(엑스트라 버진 올리브 오일)
	Salt(소금)

Garlic squid ink sauce
(갈릭 갑오징어 먹물 소스)

30g	Cuttlefish squid(갑오징어 먹물)
40g	Garlic(마늘)
50ml	Milk(우유)
50ml	Cream(크림)
5ml	Lemon juice(레몬 즙)
	Salt, Pepper(소금, 후추)

100ml	Milk(우유)
	Avocado puree
	(아보카도 퓌레, page 115)
	Seaweed(고장초)
	Caviar(캐비아)

Method / 조리법

주꾸미는 내장을 깨끗하게 제거하고 끓는 물에 약간의 소금을 넣고 2분 정도만 데쳐서 준비한다.

유자 비네그레트 믹싱 볼에 모든 재료를 넣고 잘 섞어준 뒤 소금으로 간을 맞춰 준비한다.

갈릭 갑오징어 먹물 소스 소스 팬에 우유, 크림과 마늘을 넣고 중불에 올린 후 10분 정도 끓여 마늘을 부드럽게 익히면서 1/2까지 조려준다. 팬에 먹물을 넣고 잘 저어주면서 5분 정도 더 익혀주고 불을 끄고 레몬 즙과 소금, 후추로 간을 맞추면서 핸드 블렌더로 갈아서 준비한다.

딜을 기름에 튀겨 준비하고 고장초는 물에 담가 이물질을 깨끗하게 제거하여 준비한다. 우유는 카푸치노 머신을 이용하여 거품을 만들어 준비한다.

To serve / 담기

스푼을 이용하여 갈릭 먹물 소스를 올려주고 옆으로 고장초를 올려준다. 고장초 위에 주꾸미를 올리고 아보카도 퓌레도 옆으로 길게 놓는다. 유자 비네그레트를 주꾸미와 고장초 위에 뿌려주고 튀긴 딜을 아보카도 퓌레 위에 올려준다. 우유 윗부분의 거품을 걷어서 한쪽에 올려주고 캐비아도 주위에 올려 마무리한다.

Blue crab salad on endive boats with brandied kumquat

꽃게 샐러드를 채운 엔다이브 보트와 브랜디드 금귤

Ingredients / 재료

Blue crab salad(꽃게 샐러드)
200g   Blue crab(꽃게 살)
80ml   Maple lemon dressing
           (메이플 레몬 드레싱, page 201)
100g   Endive(엔다이브)
           Salt, Pepper(소금, 후추)

Brandied kumquat(브랜디드 금귤)
100g   Kumquat(금귤)
60ml   Brandy(브랜디)
100ml Water(물)
30g   Sugar(설탕)
5g   Cinnamon stick(시나몬 스틱)
1개   Star anise(스타 아니스)

           Chioggia Beetroot(키오자 비트)
           Golden beetroot(골든 비트)
           Watermelon radish(수박무)
           Red radish(레드 래디시)
           Fresh almond(생아몬드)
           Pumpkin seeds(호박씨)
           Baby basil(미니 바질)

Method / 조리법

꽃게 샐러드 꽃게 살은 잔뼈가 없도록 손질하고 스팀기에 물이 끓으면 거즈를 깔고 꽃게 살을 넣어 5분 정도 익혀준 후 식혀서 준비한다. 엔다이브는 뿌리 부분을 잘라내고 한 잎씩 떼어낸다. 믹싱 볼에 식힌 꽃게 살과 메이플 레몬 드레싱을 넣고 조심스럽게 섞은 후 엔다이브 잎 안쪽에 꽃게 살 샐러드를 채워서 준비한다.

브랜디드 금귤 냄비에 물과 설탕을 넣어 끓이고 시나몬 스틱과 스타 아니스도 함께 넣어 5분 정도 끓여준다. 브랜디를 첨가한 후 끓으면 불을 끄고 금귤을 넣어준다. 용기에 담아 냉장고에서 하루 정도 숙성하여 준비한다.

비트와 수박무, 레드 래디시는 원형으로 얇게 슬라이스하여 준비하고 생아몬드는 껍질을 제거하여 준비한다.

To serve / 담기

엔다이브에 보트 모양으로 담긴 꽃게 샐러드를 접시에 담아주고 브랜디드 금귤을 둥근 모양으로 썰어 같이 올린다. 샐러드 사이로 비트와 수박무, 레드 래디시를 놓아주고 생아몬드와 호박씨도 함께 올려준다. 마지막으로 미니 바질을 놓아 마무리한다.

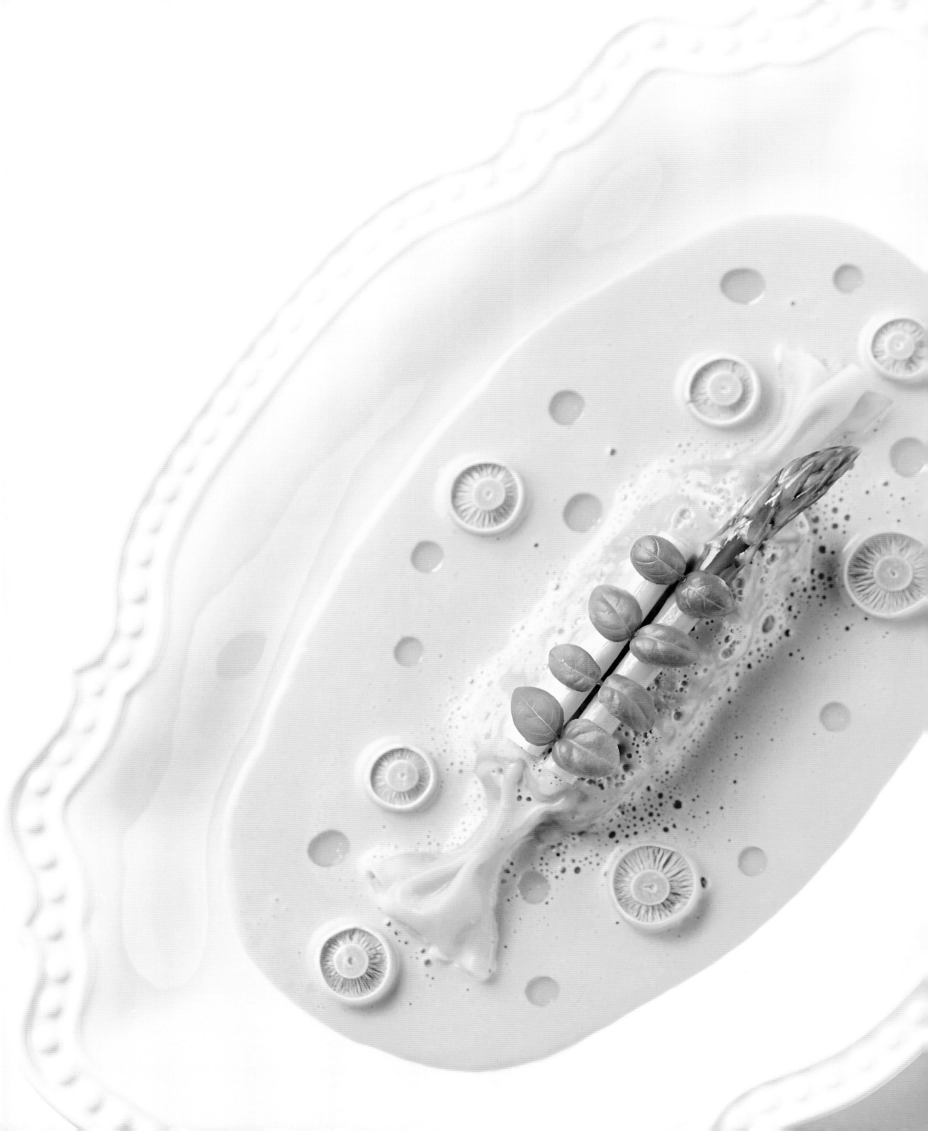

Blue crab caramelle pasta with crab sauce

꽃게 카라멜레 생파스타와 크랩 소스

Ingredients / 재료

Blue crab caramelle(꽃게 카라멜레)
100g	Pasta dough(파스타 도우, page 400)
200g	Crab meat(꽃게 살)
100g	Ricotta cheese(리코타 치즈, page 400)
80g	Egg white(달걀 흰자)
20g	Italian parsley(이탤리언 파슬리)
20g	Chive(차이브)
	Egg(달걀)
	Salt, Pepper(소금, 후추)

Crab sauce(크랩 소스)
500g	Blue crab(꽃게)
80ml	White wine(화이트 와인)
40g	Tomato puree(토마토 퓌레)
200ml	Cream(크림)
50g	Shallot(샬롯)
30g	Fennel(펜넬)
80g	Carrot(당근)
20g	Garlic(마늘)
800ml	Fish stock(피시 스톡, page 402)
30ml	Brandy(브랜디)
10ml	Lemon juice(레몬 즙)
20g	Sage(세이지)
	Olive oil(올리브 오일)
	Salt, Pepper(소금, 후추)

Pickled beech mushroom
(만가닥버섯 피클, page 44)
Asparagus(아스파라거스)
Baby basil(미니 바질)
Extra virgin olive oil
(엑스트라 버진 올리브 오일)

Method / 조리법

꽃게 카라멜레 블렌더에 꽃게 살, 리코타 치즈와 달걀 흰자를 넣고 잘 섞어준다. 이탤리언 파슬리와 차이브를 다져서 함께 넣고 소금과 후추로 간을 맞춘 후 파이핑백에 담아 스터핑을 준비한다. 파스타 롤로에 도우를 0.2mm 두께로 밀어주고 100mm × 40mm 크기로 도우를 잘라준다. 도우를 펼쳐 스터핑을 가운데에 짜서 속을 채워주고 달걀물을 가장자리에 바른 후 캔디포장 모양으로 돌돌 말아서 준비한다. 끓는 물에 소금 약간과 함께 준비된 카라멜레를 넣고 4분 정도 익혀서 준비한다.

크랩 소스 소스 팬을 중불에 올리고 올리브 오일을 두른 후 샬롯, 펜넬, 당근과 마늘을 다져 넣고 5분 정도 노릇하게 색이 날 때까지 익힌다. 꽃게를 다져서 넣어주고 5분 정도 더 익히다가 브랜디를 넣어주고 토마토 퓌레를 넣어준다. 주걱으로 꽃게를 부수면서 익히다가 화이트 와인과 함께 피시 스톡, 타임을 넣고 20분 정도 더 끓인다. 스톡을 1/3 정도 졸인 후에 핸드 블렌더를 사용하여 소스 팬의 모든 재료를 갈아준다. 스톡을 시누아에 걸러 다른 소스 팬에 넣고 끓여준다. 크림과 레몬 즙을 함께 넣고 소스의 농도가 나올 때까지 더 조린 후에 소금, 후추로 간을 맞춰 마무리한다.

To serve / 담기

핸드 블렌더를 이용하여 크랩 소스를 더 부드럽게 갈아준 후 접시에 익혀 준비된 카라멜레를 놓고 그 위로 소스를 올려 담아준다. 아스파라거스를 데쳐서 카라멜레 위에 올린다. 만가닥버섯 피클도 소스 위로 함께 놓아준다. 엑스트라 버진 올리브 오일을 소스 위로 뿌리고 미니 바질을 올려 마무리한다.

Citrus-cured salmon with caviar, wasabi cream & lemon butter milk with dill oil

유자와 레몬에 절인 연어와 캐비아, 와사비 크림 & 레몬버터 밀크와 딜 오일

Ingredients / 재료

**Citrus-cured salmon
(유자 & 레몬에 절인 연어)**

200g	Salmon(연어)
50g	Salt(소금)
50g	Sugar(설탕)
5g	Yuja zest(유자 제스트)
5g	Lemon zest(레몬 제스트)
10g	Juniper berry(주니퍼 베리)
10g	Dill(딜)
5g	Dill seeds(딜 시드)
	Extra virgin olive oil (엑스트라 버진 올리브 오일)

Wasabi cream(와사비 크림)

50g	Fresh wasabi(생와사비)
50ml	Fresh cream(생크림)
100g	Mayonnaise(마요네즈)
5ml	Champagne vinegar(샴페인 식초)
	Salt(소금)

100ml	Butter milk(버터밀크)
	Dill oil(딜 오일, page 77)
	Caviar(캐비아)
	Baby basil(미니 바질)
	Chervil(처빌)
	Viola flower(비올라꽃)
	Thai basil flower(타이바질꽃)
	Primula flower(프리뮬러꽃)

Method / 조리법

유자 & 레몬에 절인 연어 연어는 포를 뜨고 가시와 껍질을 제거하여 준비한다. 믹싱 볼에 설탕과 소금, 유자와 레몬 제스트를 넣고 손으로 비벼 향이 배도록 한다. 주니퍼 베리와 딜, 딜 시드를 함께 넣고 골고루 섞어 시즈닝을 준비한다. 손질된 연어에 준비된 시즈닝을 골고루 펼쳐서 바르고 랩으로 말아 냉장고에서 3일 정도 숙성시킨다. 연어 숙성이 마무리되면 랩을 제거해 시즈닝을 깨끗하게 헹군 후 물기를 제거하고 살 부분에 올리브 오일을 문지르듯 발라준 후 냉장고에 보관한다.

와사비 크림 생와사비를 강판에 갈아준 후 마요네즈, 샴페인 식초와 함께 블렌더에 넣어 잘 섞어주고 크림을 넣어 섞어준 후 소금으로 간을 맞춰 준비한다.

To serve / 담기

숙성된 연어를 15mm 크기의 가로로 길게 잘라 접시에 올리고 와사비 크림과 캐비아를 올리고 처빌, 미니 바질과 식용 꽃들을 올려준다. 버터밀크와 딜 오일을 섞은 후 연어 옆에 부어서 마무리한다.

Black rockfish & orange en papillote

조피 볼락 & 오렌지 파피요트

Ingredients / 재료

1마리	Black rockfish(조피 볼락)
1개	Orange(오렌지)
40g	Onion(양파)
10g	Thyme(타임)
20g	Seaweed(해초)
30ml	White wine(화이트 와인)
	Olive oil(올리브 오일)
	Baking paper(베이킹 페이퍼)
	Salt, Pepper(소금, 후추)

Nasturtium leaves(한련화 잎)
Thyme(타임)
Dill(딜)
Dill flower(딜꽃)
Italian parsley(이탈리언 파슬리)
Mint(민트)
Salt, Pepper(소금, 후추)

Method / 조리법

오븐을 180도로 예열하여 준비한 후 조피 볼락의 내장과 비닐을 깨끗하게 제거하고 소금, 후추로 밑간하여 준비한다. 오븐 트레이에 300mm×600mm 크기로 베이킹 페이퍼를 잘라 올리고 오렌지와 양파를 5mm 두께로 잘라 깔아주고 그 위로 해초를 올려준다. 손질된 볼락을 해초 위에 올리고 화이트 와인과 올리브 오일을 뿌려주고 타임을 올린 후 소금, 후추를 적당히 뿌린다. 베이킹 페이퍼로 양쪽을 덮어주고 양쪽 끝을 말아서 봉지 모양으로 묶은 후 오븐에 넣고 10분 정도 익혀준다. 10분 정도 익힌 후에 생선이 보이도록 봉지 가운데를 벌려주고 올리브 오일을 살짝 뿌려서 오븐에 넣고 5분 정도 더 익혀서 준비한다.

To serve / 담기

오븐에서 베이킹 페이퍼에 담긴 채로 볼락을 꺼내어 나무 접시 위에 올리고 생선 주변으로 허브와 꽃을 올려주고 이탤리언 파슬리를 다져서 함께 올려준다. 소금, 후추를 약간 뿌려 마무리한다.

Salt dough baked scorpion fish with lemon beurre blanc

쏨뱅이 솔트 도우 파이 & 레몬 뵈르블랑

Ingredients / 재료

1마리	Scorpion fish(쏨뱅이)
	Lemon(레몬)
	Tarragon(타라곤)
	Italian parsley(이탤리언 파슬리)
	Lemongrass(레몬그라스)
	Egg(달걀)

Salt dough(솔트 도우)

200g	Flour(밀가루)
30g	Fine salt(고운 소금)
40g	Egg(달걀)

Lemon beurre blanc(레몬 뵈르블랑)

200g	Butter(버터)
50ml	White wine(화이트 와인)
20ml	Lemon juice(레몬 즙)
20g	Shallot(샬롯)
50ml	Fresh cream(생크림)
	Salt, Pepper(소금, 후추)
	Nasturtium flower(한련화꽃)
	Thyme(타임)
	Dill(딜)
	Mint(민트)
	Pelargonium(펠라고늄)

Method / 조리법

솔트 도우 반죽기에 모든 재료를 넣고 물을 조금씩 넣어 반죽의 농도를 보면서 도우를 만들고 생선을 덮을 수 있는 크기로 밀어서 준비한다.

쏨뱅이의 내장과 비닐, 지느러미를 깨끗하게 손질하고 물기를 제거한다. 내장을 제거한 속에 레몬 한 조각, 타라곤, 이탤리언 파슬리와 레몬그라스로 채워주고 준비된 솔트 도우에 올려 생선 모양으로 만든다. 도우 표면에 달걀물을 발라주고 예열된 오븐에 넣고 20분 정도 익혀서 준비한다.

레몬 뵈르블랑 소스 팬을 중불에 올리고 화이트 와인과 샬롯을 다져서 넣고 1/3까지 조려지도록 끓이다가 레몬 즙을 추가하고 2분 정도 더 조려준다. 크림을 추가해서 넣고 3분 정도 더 끓여주다가 약불로 줄이고 버터를 4~5차례로 나눠 한번씩 넣고 빠르게 저어 녹여준다. 버터를 모두 넣고 녹으면 불에서 내려 체에 거르고 소금과 후추로 간을 맞춰 소스를 준비한다.

To serve / 담기

생선살의 몸통 부분을 도려내서 접시에 올리고 레몬 뵈르블랑을 함께 올려준다. 생선살 주위로 한련화, 타임, 딜, 민트와 펠라고늄을 올려 마무리한다.

Red crab turnip ravioli with grilled paprika sauce

홍게 순무 라비올리와 구운 파프리카 소스

Ingredients / 재료

Red crab turnip ravioli(홍게 순무 라비올리)

100g	Turnip(순무)
150g	Red crab meat(홍게 살)
80g	Ricotta cheese(리코타 치즈, page 400)
50ml	Fresh cream(생크림)
30g	Onion(양파)
30g	Yellow paprika(옐로 파프리카)
10g	Italian parsley(이탤리언 파슬리)
8g	Dijon mustard(디종 머스터드)
	Salt, Pepper(소금, 후추)

Grilled paprika sauce(구운 파프리카 소스)

120g	Red paprika(적파프리카)
60g	Red hot pepper(홍고추)
50g	Celery(셀러리)
10g	Garlic(마늘)
	Pimento powder(피멘토 파우더)
	Tabasco sauce(타바스코 소스)
	Extra virgin olive oil (엑스트라 버진 올리브 오일)
	Salt, Pepper(소금, 후추)

50g	Mudflat crab(방게)
	Chervil(처빌)
	Blue sage flower(블루 세이지꽃)

Method / 조리법

홍게 순무 라비올리 순무를 1mm 두께로 얇게 밀어주고 지름 60mm 크기의 원형 틀로 둥근 모양을 만든다. 끓는 물에 약간의 소금과 함께 순무를 넣고 5초 정도만 데친 후 찬물에 식히고 페이퍼 타월에 건져내 물기를 제거하여 준비한다. 홍게 살을 끓는 물에 데쳐주고 양파와 파프리카를 파인 브뤼누아즈(fine brunoise)로 썰어준 후 데친 홍게 살과 리코타 치즈, 크림, 디종 머스터드와 이탤리언 파슬리를 다져서 믹싱 볼에 모두 함께 넣고 잘 섞어준다. 소금, 후추로 간을 맞춰 스터핑을 준비한다. 물기를 제거한 순무를 바닥에 놓고 중앙에 스터핑을 올려주고 덮으면서 반으로 접어서 라비올리를 만들어 준비한다.

구운 파프리카 소스 그릴 위에 파프리카와 홍고추를 올리고 껍질이 검게 탈 때까지 태운 후 찬물에 담가 태운 껍질과 씨앗을 제거한다. 블렌더에 손질된 파프리카와 홍고추를 넣고 셀러리, 마늘과 함께 곱게 갈아주고 약간의 피멘토 파우더와 타바스코 소스를 첨가한 후 소금, 후추로 간을 맞추고 체에 거른 후 적당한 양의 엑스트라 버진 올리브 오일을 섞어 소스를 준비한다.

To serve / 담기

접시에 소스를 올리고 그 위로 라비올리를 올려준다. 방게를 바싹하게 튀겨서 올려주고 처빌과 블루 세이지꽃을 올려 마무리한다.

Raw scallop with almond milk & caviar
생가리비 관자와 아몬드 밀크 & 캐비아

Ingredients / 재료

5마리 Scallop(가리비)

Almond milk and caviar(아몬드 밀크와 캐비아)
100g Peeled almond(탈피 아몬드)
100ml Water(물)
50ml Fresh cream(생크림)
15ml Maple syrup(메이플 시럽)
10ml Lemon juice(레몬 즙)
10g Caviar(캐비아)
Salt(소금)

Watercresson oil(워터크레스 오일)
100g Watercress(워터크레스)
250ml Olive oil(올리브 오일)

Watercress(워터크레스)
Watercress flower(워터크레스꽃)
Cherry sage flower(체리 세이지꽃)

Method / 조리법

가리비는 껍데기와 내장을 제거하여 관자 살만 분리해서 물기를 제거한 후 5mm 두께로 포를 떠서 준비한다.

아몬드 밀크와 캐비아 탈피 아몬드를 물에 담가 냉장고에 넣고 하루 이상 불린 후 체에 밭쳐 준비한다. 블렌더에 불린 아몬드와 물을 넣어 곱게 갈아주고 시누아에 걸러 용기에 담은 후 크림과 메이플 시럽을 추가하여 핸드 블레더를 이용하여 잘 섞어준다. 냉장고에 넣어 차게 식힌 후 레몬 즙과 캐비아를 넣어 섞어주고 소금으로 간을 맞춰 준비한다.

워터크레스 오일 끓는 물에 적당한 양의 소금을 넣고 워터크레스를 5초 정도 데친 후 찬물에 담가 식히고 물기를 꼭 짜서 제거하여 블렌더에 올리브 오일과 함께 넣어 곱게 갈아준다. 체에 거즈를 올리고 그 위에 부어서 오일을 맑게 내려 준비한다.

To serve / 담기

접시에 가리비 관자 살을 겹겹이 눕혀 쌓으면서 놓아주고 그 위로 아몬드 밀크와 캐비아를 얹어준다. 워터크레스 오일을 전체적으로 뿌려주고 워터크레스와 꽃을 올리고 체리 세이지꽃도 올려 마무리한다.

Steamed red crab salad with vegetable capellini
홍게 살 샐러드와 채소 카펠리니

Ingredients / 재료

Steamed red crab salad(홍게 살 샐러드)

150g	Red crab meat(홍게 살)
80g	Creme fraich(크렘 프레슈, page 220)
15ml	Lime juice(라임 즙)
5g	Mint(민트)
	Salt, Pepper(소금, 후추)

Vegetable capellini(채소 카펠리니)

30g	Cucumber(오이)
30g	Celery(셀러리)
30g	Carrot(당근)
30g	Red radish(레드 래디시)
	Maple lemon vinaigrette (메이플 레몬 비네그레트, page 201)
	Heliotropium(헬리오트로피움)
	Pansy(팬지)
	Sage(세이지)
	Mint(민트)
	Thyme(타임)
	Salt(굵은소금)

Method / 조리법

홍게 살 샐러드 스티머 물이 끓으면 홍게를 뒤집어 넣고 15분 정도 익혀 꺼내서 껍질과 살을 분리하고 게 딱지는 깨끗하게 손질해서 준비한다. 손질된 홍게 살을 믹싱 볼에 넣고 크렘 프레슈, 라임 즙과 함께 민트를 다져서 넣고 소금, 후추로 간을 맞추며 잘 섞어 준비한다.

채소 카펠리니 망돌린(Mandoline)을 이용하여 모든 채소를 1mm 두께로 얇게 밀어주고 다시 1mm 크기로 길게 채 썰어준다. 채 썬 채소들을 물에 담가 2시간 정도 냉장 보관 후 체에 밭쳐 물기를 제거한다. 믹싱 볼에 채소들을 담고 적당량의 메이플 레몬 비네그레트와 섞어서 준비한다.

To serve / 담기

접시 중앙에 약간의 굵은소금을 담고 그 위에 게 딱지를 접시처럼 올려준다. 준비된 채소 카펠리니를 게 딱지 안으로 깔면서 올려주고 그 위로 홍게 살 샐러드를 올려준다. 헬리오트로피움을 게살 샐러드 위에 전체적으로 올려주고 접시 바닥 주변에 허브와 팬지를 올려 마무리한다.

Baked stuffed red kuri squash blossom with sweet shrimp & mushroom veloute, curry sauce, brown sauce

단새우를 채워 구운 쿠리 호박꽃 & 머시룸 벨루테, 커리 소스, 브라운 소스

Ingredients / 재료

Stuffed red kuri squash blossom (스터프트 쿠리 호박꽃)

1개	Kuri squash blossom(쿠리 호박꽃)
200g	Sweet shrimp(단새우 살)
100g	Mascarpone(마스카르포네)
40g	Egg white(달걀 흰자)
10ml	Lemon juice(레몬 즙)
2g	Lemon zest(레몬 제스트)
10g	Italian parsley(이탤리언 파슬리)
	Olive oil(올리브 오일)
	Salt, Pepper(소금, 후추)

Curry sauce(커리 소스)

150ml	Coconut milk(코코넛 밀크)
50ml	Fish stock(피시 스톡, page 402)
40ml	Curry paste(커리 페이스트)
10g	Peanut butter(피넛 버터)
20g	Brown sugar(황설탕)
10ml	Lime juice(라임 즙)

Brown sauce(브라운 소스)

300ml	Veal stock(빌 스톡, page 401)
100ml	Red wine(레드 와인)
50g	Tomato paste(토마토 페이스트)
10ml	Soy sauce(간장)
	Potato starch(감자전분)
	Salt(소금)

Mushroom veloute
(버섯 벨루테, page 187)

Basil oil(바질 오일, page 287)
Thai basil(타이바질)
Thai basil flower(타이바질꽃)
Seaweed(고장초)
Sea grapes(바다포도)

Method / 조리법

스터프트 쿠리 호박꽃 푸드 프로세서에 단새우 살과 달걀 흰자를 넣고 잘 섞이도록 갈아준다. 믹싱 볼에 갈린 새우 살과 마스카르포네를 넣고 위스크로 잘 섞이도록 저어준다. 레몬 즙, 제스트와 함께 이탤리언 파슬리도 다져서 넣어주고 소금, 후추로 간을 맞추면서 스터핑을 만들고 파이핑백에 담아준다. 호박꽃 안쪽의 수술을 제거하고 파이핑백에 준비된 단새우 스터핑을 안쪽부터 짜주면서 동그랗게 채워준다. 프라이팬을 중불에 올리고 약간의 올리브 오일을 두른 후 속을 채운 호박꽃을 올려 돌려가면서 5분 정도 익히고 180도로 예열된 오븐에 넣고 10분 정도 익혀 준비한다.

커리소스 소스 팬에 모든 재료를 넣고 중불에 올려 끓어 오르면 약불로 줄이고 5분 정도 조려준다. 핸드 블렌더를 이용하여 갈아주고 체에 걸러 준비한다.

브라운 소스 소스 팬에 레드 와인과 토마토 페이스트를 넣고 중불에서 1/2 정도까지 조려주고 빌 스톡과 간장을 넣어 1/3 정도 더 조려준다. 감자전분은 동량의 물과 혼합하여 끓는 소스에 넣고 적당한 농도를 잡아준 후 소금으로 간을 맞춰 준비한다.

To serve / 담기

커리 소스, 브라운 소스와 머시룸 벨루테를 접시에 하나씩 바닥에 채워주고 바질 오일도 같이 채워준다. 오븐에 익혀 준비된 단새우 채운 호박꽃을 중앙에 올려준다. 고장초와 바다포도를 소스 위에 올려주고 타이바질과 타이바질꽃을 올려 마무리한다.

Pan seared cod with honey aioli & sauce vierge

대구 살과 허니 아이올리 & 비에흐즈 소스

Ingredients / 재료

150g   Cod(대구 살)
       Olive oil(올리브 오일)
       Ghee butter(기버터)
       Sage(세이지)
       Flour(밀가루)
       Salt, Pepper(소금, 후추)

Honey aioli(허니 아이올리)

100g   Mayonnaise(마요네즈, page 400)
30g   Honey(꿀)
5g   Garlic(마늘)
10ml   Lime juice(라임 즙)
       Salt(소금)

Sauce vierge(비에흐즈 소스)

100g   Tomato(완숙토마토)
50g   Yellow paprika(옐로 파프리카)
30g   Shallot(샬롯)
10g   Chervil(처빌)
15ml   Lemon juice(레몬 즙)
       Extra virgin olive oil
       (엑스트라 버진 올리브 오일)
       Salt, Pepper(소금, 후추)

       Honey comb(허니콤)
       Calendula(컬렌듈라)
       Bronze dill(브론즈 딜)
       Bronze dill flower(브론즈 딜꽃)
       Pink pepper(핑크 페퍼)
       Wild arugula(와일드 루콜라)
       Basil oil(바질 오일, page 287)

Method / 조리법

대구 살의 껍질과 잔뼈를 제거하고 페이퍼 타월로 수분을 제거하고 소금, 후추로 밑간한 후 약간의 밀가루를 묻혀서 준비한다. 프라이팬을 중불에 올리고 준비된 대구 살을 올려 2분 정도 한쪽을 익혀준다. 기버터와 세이지를 넣어 아로제를 한 후 200도로 예열된 오븐에 넣어 3분 정도 익혀서 준비한다.

허니 아이올리   마늘을 곱게 다진 후 믹싱 볼에 모든 재료와 함께 넣고 위스크로 잘 섞이도록 저어서 소금으로 간을 맞춰 준비한다.

비에흐즈 소스   파프리카는 껍질을 태워 제거하고 토마토는 끓는 물에 살짝 데쳐 껍질을 제거한다. 토마토, 파프리카와 샬롯을 2mm 크기로 자르고 처빌은 곱게 다져 믹싱 볼에 함께 넣어 레몬 즙과 올리브 오일을 추가하여 잘 섞어주고 소금, 후추로 간을 맞춰 준비한다.

To serve / 담기

접시 중앙에 허니 아이올리를 올려주고 오븐에 익혀 준비된 대구 살과 비에흐즈 소스를 양쪽으로 올려준다. 허니콤을 대구 살 옆에 놓고 컬렌듈라 꽃잎을 올려준다. 대구 살 위에 브론즈 딜과 핑크 페퍼를 올려주고 와일드 루콜라와 딜꽃을 비에흐즈 소스에 올려준다. 적당량의 바질 오일을 뿌려 마무리한다.

Baby squid stuffed with chorizo risotto over nero sauce & garden herbs

초리소 리소토를 채운 총알 오징어와 먹물 소스 & 가든 허브

Ingredients / 재료

2마리 Baby squid(총알 오징어)
Olive oil(올리브 오일)
Salt, Pepper(소금, 후추)

Chorizo risotto nero(초리소 먹물 리소토)
200g Arborio rice(아르보리오 쌀)
50g Chorizo(초리소)
500ml Fish stock(피시 스톡, page 402)
100ml White wine(화이트 와인)
10g Squid ink(먹물)
20g Shallot(샬롯)
10g Garlic(마늘)
30g Butter(버터)
10g Italian parsley(이탤리언 파슬리)
Salt, Pepper(소금, 후추)

Nero sauce(먹물 소스)
100ml Fresh cream(생크림)
80g Whole tomato(토마토 홀)
20g Squid ink(갑오징어 먹물)
10ml Lime juice(라임 즙)
Salt, Pepper(소금, 후추)

Cucamelon(쿠카멜론)
Yellow zucchine(옐로 주키니)
Yellow zucchine blossom
(옐로 주키니꽃)
Bronze dill(브론즈 딜)
Bronze dill flower(브론즈 딜꽃)
Anise hyssop(아니스 히솝)
Calendula(컬렌듈라)
Wild arugula(와일드 루콜라)

Method / 조리법

초리소 먹물 리소토 소스 팬에 피시 스톡을 끓여 준비한다. 다른 소스 팬을 약불에 올려 버터를 넣어 녹여주고 마늘과 샬롯을 다져서 넣고 1분 정도 익혀준다. 초리소를 2mm 크기로 잘라 팬에 넣어 익히다가 초리소에서 기름이 나오기 시작하면 아르보리오 쌀을 넣고 2~3분 정도 살짝 로스팅을 한다. 로스팅을 마치면 화이트 와인을 부어주고 먹물도 함께 넣어 잘 저으며 익혀준다. 쌀이 서서히 익기 시작하면 끓는 피시 스톡을 3~4번에 나눠 넣어 저으며 쌀을 익혀주고 어느 정도 익으면 파슬리를 다져서 넣고 소금과 후추로 간을 맞춰 준비한다.

먹물 소스 약불에 소스 팬을 올리고 모든 재료를 함께 넣어 잘 저어주면서 5분 정도 끓여준다. 재료들이 끓으면 핸드 블렌더를 이용해 곱게 갈아주고 소금, 후추로 간을 맞춘 후 시누아에 걸러 소스를 만들어 준비한다.

총알 오징어의 껍질과 내장을 제거한 후 물기를 제거한다. 준비된 리소토를 오징어 속에 채워 넣은 후 입구를 나무 꼬치를 이용하여 막아주고 다리와 함께 소금과 후추로 밑간을 한다. 프라이팬을 중불에 올리고 올리브 오일을 두른 후 오징어를 뒤집어가면서 골고루 익혀주고 옐로 주키니도 익혀서 준비한다.

To serve / 담기

턴 테이블 위에 접시를 올리고 돌리면서 붓을 이용하여 원형으로 먹물 소스를 발라준다. 구워서 준비된 오징어와 옐로 주키니를 먹물 소스 위에 올려주고 쿠카멜론도 함께 올려준다. 주키니꽃은 적당한 크기로 잘라 올리고 허브와 꽃들을 올려 마무리한다.

Carpaccio of yellow tail & pickled asparagus
방어 카르파초 & 아스파라거스 피클

Ingredients / 재료

300g Raw yellow tail(방어 살)
1개 Yuja(유자)

Pickled asparagus(아스파라거스 피클)
100g Asparagus(아스파라거스)
100ml Pickle juice(피클주스, page 400)

Citron oil(유자 오일)
100g Yuja zest(유자 제스트)
100ml Extra virgin olive oil
(엑스트라 버진 올리브 오일)

Dill oil(딜 오일)
200g Dill(딜)
50g Italian parsley(이탈리언 파슬리)
300ml Extra virgin olive oil
(엑스트라 버진 올리브 오일)
Salt(소금)

Smoked trout roe(훈제 송어알)
Nasturtium leaves(한련화 잎)
Stoke flower(스토크꽃)

Method / 조리법

방어 살은 껍질을 제거하고 2mm 두께로 얇게 포를 뜬 후 용기 바닥에 랩을 깔고 그 위에 원형 틀을 놓아 방어를 펼쳐서 담아준다. 원형 틀을 제거하고 그레이터를 이용하여 유자 껍질을 갈아 방어 위에 뿌려주고 랩으로 덮고 냉장고에서 6시간 정도 숙성하여 준비한다.

아스파라거스 피클 피클주스에 아스파라거스를 넣고 냉장고에서 하루 정도 숙성시켜 준비한다.

유자 오일 유자 제스트와 올리브 오일을 블렌더에 갈고 거즈에 걸러 준비한다.

딜 오일 끓는 물에 소금을 넣고 딜과 파슬리를 넣어 5초 정도만 데친 뒤 얼음물에 건져내고 물기를 제거하여 올리브 오일과 함께 블렌더에서 곱게 갈아준다. 녹색의 액체상태가 될 때까지 갈아지면 거즈에 걸러 준비한다.

To serve / 담기

숙성된 방어를 랩과 함께 꺼내 도마 위에 놓고 방어 살 위로 접시를 뒤집어서 올린 후 도마와 접시를 함께 뒤집어서 랩이 위로 오도록 한다. 랩을 제거하고 그 위에 아스파라거스 피클을 올리고 그레이터를 이용해 유자 껍질을 조금 갈아서 올려준다. 방어 주위로 유자와 한련화 오일을 뿌리고 훈제 송어알, 한련화 잎과 스토크꽃을 올려 마무리한다.

Poached cuttlefish & zucchini spaghetti with avocado basil pesto

데친 한치 & 주키니 스파게티와 아보카도 바질 페스토

Ingredients / 재료

200g   Cuttlefish(한치)
100g   Zucchini(주키니)

Avocado basil pesto(아보카도 바질 페스토)
200g   Avocado(아보카도)
300g   Basil(바질)
100g   Italian parsley(이탤리언 파슬리)
100g   Pine nut(잣)
20g   Garlic(마늘)
100g   Parmesan cheese(파마산 치즈)
200ml Olive oil(올리브 오일)

Parmigiano reggiano
(파르미자노 레자노)
Pan fried pine nut(구운 잣)

Method / 조리법

한치는 내장과 껍질을 제거하고 깨끗하게 손질하여 2mm 크기로 얇게 썰어 준비한다. 주키니 호박은 껍질 부분만 도려내어 한치와 같은 크기로 채를 썰어 준비한다.

아보카도 바질 페스토 푸드 프로세서에 부드럽게 익은 아보카도, 바질, 파슬리와 올리브 오일을 넣고 고운 색이 나도록 갈고 나머지 재료들을 넣어 곱게 갈아준다.

스토브에 끓는 물을 준비하고 약간의 소금 간을 하여 한치와 주키니 호박을 살짝만 익혀주고 물기를 제거한 후 믹싱 볼에 담아준다. 준비된 페스토와 한치, 주키니를 적당한 양으로 함께 잘 혼합하여 준비한다.

To serve / 담기

페스토에 버무린 한치와 주키니를 접시에 담고 파르미자노 레자노를 그레이터를 이용하여 올려준 후 그 위에 구운 잣과 바질을 올려 마무리한다.

Butter seared squid with balsamic ink sauce & herb flowers salad

버터에 익힌 오징어와 먹물 소스 & 허브꽃 샐러드

Ingredients / 재료

1마리	Squid(오징어)
20g	Sage(세이지)
	Butter(버터)
	Olive oil(올리브 오일)
	Salt, Pepper(소금, 후추)

Balsamic ink sauce(발사믹 먹물 소스)

50g	Squid ink(오징어 먹물)
100g	Tomato sauce(토마토 소스, page 400)
50ml	Balsamic vinegar(발사믹 식초)
20g	Shallot(샬롯)
20g	Garlic(마늘)
	Olive oil(올리브 오일)
	Salt, Pepper(소금, 후추)

Herb flowers salad(허브꽃 샐러드)

Yellow rocket(옐로 로켓)
Oregano(오레가노)
Chervil(처빌)
Dill(딜)
Basil sprout(바질 싹)
Wood sorrel(우드 쏘렐)
Sorrel(쏘렐)
Borage flower(보리지꽃)
Peppergrass flower(페퍼그라스꽃)
Choy sum flower(채심꽃)

Method / 조리법

오징어는 몸통과 다리를 분리하여 내장과 껍질을 모두 제거하고 몸통은 꼬치 3~4개 정도를 세로로 길게 몸통에 꽂아 고정시키고 페이퍼 타월로 물기를 완전히 제거한 후 소금, 후추 밑간을 하여 준비한다. 중불에 프라이팬을 올려 올리브 오일을 두르고 오징어를 올려 1분 정도 익혀준다. 버터와 세이지를 넣고 약불로 줄인 후 뒤집어가면서 아로제(Arroser)를 하며 익혀서 준비한다.

먹물 소스 소스 팬에 오일을 두르고 샬롯과 마늘을 다져서 넣은 후 2분 정도 익혀주고 발사믹 식초를 넣어 조려준다. 1/2로 조려지면 오징어 먹물과 토마토 소스를 넣고 5분 정도 끓여주다가 블렌더로 곱게 갈아 소스를 만들고 소금, 후추로 간을 맞춰 준비한다.

허브 샐러드들은 잎과 꽃을 따서 준비한다.

To serve / 담기

접시에 오징어 먹물 소스를 오징어 모양으로 올려 담고 그 위로 버터에 익힌 오징어를 올려준다. 준비된 허브 샐러드 잎과 꽃을 오징어 몸통 위에 올려주고 훈제 송어알을 다리 주변으로 놓아 마무리한다.

Poached cuttlefish with sweet corn sauce & oven dried tomatoes, pimento powder

데친 갑오징어와 스위트 콘 소스 & 오븐 드라이 대저 토마토와 피망가루

Ingredients / 재료

1마리	Cuttlefish(갑오징어)
1개	Lemon(레몬)

Sweet corn sauce(스위트 콘 소스)

200g	Super sweet corn(초당옥수수)
100g	Butter(버터)
100g	Onion(양파)
200ml	Fresh cream(생크림)
20ml	Champagne vinegar(샴페인 식초)
	Salt(소금)

Oven-dried tomato(오븐 드라이 토마토)

100g	Tomato(대저 토마토)
50g	Thyme(타임)
	Olive oil(올리브 오일)
	Salt(소금)
	Super sweet corn(초당옥수수)
	Butter(버터)
	Rape blossoms(유채꽃)
	Pimento powder(피멘토 파우더)

Method / 조리법

갑오징어는 내장 제거 후 몸통과 다리의 껍질을 제거하고 몸통은 칼집을 내어 준비한다. 냄비에 물 2리터와 레몬을 반으로 잘라 같이 넣고 끓여주다가 준비된 갑오징어를 1분 정도 익혀서 준비한다.

스위트 콘 소스 소스 팬에 버터를 두르고 중불에서 녹이다가 양파를 넣고 투명해질 때까지 익혀준다. 옥수수를 추가해서 부드럽게 익혀주고 식초와 생크림을 넣어 약불에서 15분 정도 천천히 익힌다. 소금으로 간을 맞춰주고 푸드 프로세서에 넣어 곱게 간 후 시누아에 걸러 소스를 완성한다.

오븐 드라이 토마토 오븐은 80도로 예열하여 준비하고 토마토는 끓는 물에 데쳐 껍질을 제거하고 오븐 트레이에 올리고 타임, 올리브 오일과 소금을 뿌려 오븐에 넣고 3시간 정도 천천히 말려서 준비한다.

초당옥수수에 버터를 바르고 아이언 그릴 팬에 올려 약불에서 돌려가며 익혀주고 노릇하게 익으면 옥수수 알만 잘라서 준비한다.

To serve / 담기

접시에 스위트 콘 소스를 올리고 그 위에 데친 갑오징어를 올린다. 말린 토마토와 구운 옥수수도 같이 올려주고 유채꽃과 피멘토 파우더를 뿌려 마무리한다.

Sea perch fish pie in pastry with horseradish sauce & coriander salad

금태 피시 파이와 호스래디시 소스 & 코리앤더 샐러드

Ingredients / 재료

1마리	Sea perch(금태)
1장	Pastry dough(페스트리 도우)
20g	Lemon grass(레몬그라스)
20g	Italian parsley(이탤리언 파슬리)
10g	Thyme(타임)
10g	Dill(딜)
	Egg(달걀)
	Salt, Pepper(소금, 후추)

Coriander salad(코리앤더 샐러드)

50g	Coriander(고수)
10g	Lime juice(라임 즙)
20g	Extra virgin olive oil (엑스트라 버진 올리브 오일)

Horseradish sauce(호스래디시 소스)

100g	Horseradish(호스래디시)
50ml	Fresh cream(생크림)
50g	Sour cream(사워크림)
30g	Mayonnaise(마요네즈)
5ml	Lime juice(라임 즙)
	Salt(소금)
	Lemon(레몬)
	Maldon salt(맬든 소금)

Method / 조리법

오븐을 190도로 예열하여 준비한다. 금태는 내장과 비닐, 뼈를 제거해서 깨끗하게 손질하고 페이퍼 타월로 물기를 제거하여 준비한다. 레몬그라스, 파슬리, 타임과 딜을 실로 묶어 부케가르니 다발로 만들어 손질된 생선의 배 속에 넣어준다. 금태를 소금, 후추로 밑간하고 몸통 크기에 맞게 페스트리를 잘라 생선 몸통에 만 뒤 소금 뿌린 아이언 팬에 올려 오븐에서 15분 정도 표면을 노릇하게 익혀 준비한다.

코리앤더 샐러드 고수는 잎 부분만 따서 손질해 준비하고 믹싱 볼에 라임 즙과 올리브 오일을 넣어 섞어주고 손질된 고수를 넣고 버무려 샐러드를 준비한다.

호스래디시 소스 모든 재료를 블렌더에 넣고 소스 농도가 되도록 곱게 갈아주고 소금으로 간을 맞춰 준비한다.

To serve / 담기

아이언 팬 위에 피시 파이를 올리고 준비된 코리앤더 샐러드와 호스래디시 소스도 올려준다. 레몬을 웨지로 잘라 함께 올리고 한련화 잎과 맬든 소금을 곁들여서 마무리한다.

예술가처럼 생각하고
프로답게 만들어라.

Lemon & wine poached morotoge prawns & chilled tomato broth with pomegranate

레몬과 와인에 데친 꽃새우 & 차가운 토마토와 석류 브로스

Ingredients / 재료

5마리	Morotoge shrimp (꽃새우)
400ml	White wine(화이트 와인)
200ml	Water(물)
5g	Whole peppercorns(통후추)
10g	Parsley(파슬리)
1개	Lemon(레몬)

Chilled tomato broth with pomegranate (차가운 토마토 & 석류 브로스)

3개	Tomato(토마토)
100g	Pomegranate(석류)
50ml	White wine(화이트 와인)
10g	Ginger(생강)
10g	Garlic(마늘)
10ml	Fish sauce(피시 소스)
10g	Salmon roe(연어알)
20g	Wild berries(산딸기)
10g	Super sweet corn(초당옥수수)
10g	Fried Job's tears(율무튀김)
	Rape flower(유채꽃)
	Wood sorrel(우드 쏘렐)
	Coriander flower(고수꽃)

Method / 조리법

차가운 토마토 & 석류 브로스 소스 팬에 모든 재료를 넣고 센 불에서 끓어 오르면 약한 불로 줄이고 15분 동안 끓여준다. 토마토와 재료들이 풀어져서 국물이 탁해지지 않도록 조심스럽게 고운체에 밭쳐서 걸러주고 차갑게 식혀준다.

냄비에 화이트 와인, 물, 후추, 파슬리와 레몬을 반으로 잘라서 10분 정도 끓여준다. 꽃새우를 깨끗하게 씻어 껍질째 넣은 뒤 뚜껑을 덮고 3분 정도 익혀준 후에 얼음물에 담가 식히고 꼬리 쪽만 남기고 껍질을 제거한다.

To serve / 담기

산딸기와 데친 꽃새우를 겹쳐가며 놓고 식혀둔 토마토 & 석류 브로스를 부어준다. 브로스 위로 연어알과 쪄낸 초당옥수수 알갱이, 튀긴 율무를 올려주고 유채꽃과 식용 꽃, 우드 쏘렐 등으로 마무리한다.

Oven-baked morotoge prawns & green leek cream with herb flowers

오븐구이 꽃새우 & 리크크림과 허브 꽃

Ingredients / 재료

Oven-baked morotoge prawns (오븐구이 꽃새우)

3마리	Morotoge prawns(꽃새우)
20g	Butter(버터)
5g	Garlic(마늘)
	Salt(소금)

Green leek cream(리크크림)

100g	Leek(리크 녹색부분)
50g	Butter(버터)
30g	White wine(화이트 와인)
50g	Chive(차이브)
100ml	Fresh cream(생크림)
	Salt, Pepper(소금, 후추)

Curry cream(커리크림)

50g	Yellow curry powder (옐로 커리 파우더)
10g	Turmeric(터메릭)
30g	Onion(양파)
10g	Garlic(마늘)
100ml	Cream(크림)

Currant cream(커런트 크림)

50g	Currant(커런트)
100ml	Fresh cream(생크림)
10ml	Lime juice(라임 즙)
	Salt(소금)

50g	Bottarga(보타르가)
	Currant(커런트)
	Rape flower(유채꽃)
	Coriander flower(고수꽃)
	Marjoram(마조람)
	Wood sorrel(우드 쏘렐)

Method / 조리법

오븐구이 꽃새우 오븐을 220도로 예열하고 스토브에 약한 불로 소스 팬을 올리고 버터와 마늘을 다져 팬에 넣고 천천히 익혀준다. 차가운 얼음물에서 꽃새우의 등껍질을 제거하고 물기를 제거한 후 오븐 팬에 올리고 만들어진 마늘 버터를 새우 등쪽에 부어 오븐에 넣고 5분 정도 익혀준다.

리크크림 팬에 버터와 리크 속부분의 녹색부분만 넣어 숨이 죽을 때까지 익히고 화이트 와인과 생크림을 넣어 약불에서 10분 정도 끓인 뒤 차이브를 넣고 1분만 더 조린 후에 블렌더로 곱게 갈아준다. 소금, 후추로 간을 맞추고 고운체에 걸러내어 차갑게 식혀둔다.

커리크림 모든 재료를 소스 팬에 넣어 천천히 끓여주고 블렌더로 곱게 갈아 따뜻하게 준비한다.

커런트 크림 모든 재료를 블렌더에 넣어 곱게 갈아주고 소금으로 간을 맞춰 준비한다.

To serve / 담기

접시에 차가운 리크크림을 깔고 허브와 꽃으로 리스장식을 한다. 커리크림과 커런트 크림을 접시에 깔고 오븐에서 구워진 새우를 올린다. 보타르가를 채 썰듯 썰어서 구운 새우 등 쪽에 올리고 커런트를 올려 마무리한다.

Butter poached lobster tail with yellow tomato jam

버터에 익힌 랍스터와 옐로 토마토 잼

Ingredients / 재료

1마리	Lobster(랍스터)
200g	Butter(버터)
50ml	Fish stock(피시 스톡, page 402)
50g	White wine(화이트 와인)
20ml	Lemon juice(레몬 즙)
30g	Onion(양파)
30g	Celery(셀러리)
	Salt(소금)

Yellow tomato jam(토마토 잼)

300g	Yellow tomato(노란 토마토)
50g	Sugar(설탕)
10g	Ginger(생강)
80ml	Lime juice(라임 즙)
	Salt(소금)

Yellow cherry tomato
(노란 체리토마토)
Truffle balsamic reduction
(트러플 발사믹 리덕션, page 400)
Salmon roe(연어알)

Method / 조리법

랍스터는 대가리와 껍질을 모두 제거하고 꼬리부분만 손질해서 준비한다. 소스 팬에 피시 스톡과 화이트 와인을 넣고 강불에 올려 끓인 후 버터를 넣고 위스크로 강하게 저어서 버터와 물이 섞이도록 한다. 버터가 끓기 시작하면 약불로 줄이고 약간의 소금과 함께 레몬 즙, 셀러리와 양파를 넣고 손질된 랍스터 꼬리를 넣어준다. 뚜껑을 덮고 약불에 10분 정도 익혀서 준비한다.

토마토 잼 중불에 소스 팬을 올리고 토마토와 생강을 잘게 잘라 소스 팬에 넣고 2분 정도 끓이다가 라임 즙과 설탕도 넣어 약불에서 주걱으로 저어주며 30분 정도 천천히 끓여주고 소금으로 간을 맞춘다. 토마토를 불에서 내려 시누아에 넣고 곱게 걸러 잼을 완성하여 준비한다.

체리토마토는 끓는 물에 데쳐 껍질을 제거하여 준비한다.

To serve / 담기

버터에 익힌 랍스터를 접시 중앙에 놓고 체리토마토도 반으로 잘라 올려준다. 스푼으로 토마토 잼을 놓아주고 연어알을 올린다. 소스 튜브에 트러플 발사믹 리덕션과 잼을 담아 점을 찍듯 접시에 올려 마무리한다.

Pan-seared sea robin with madeira reduction & green grape confit, herb emulsion

팬에 구운 성대와 마데이라 리덕션 & 청포도 콩피, 허브 에멀전

Ingredients / 재료

1마리 Sea robin(성대)
       Olive oil(올리브 오일)
       Thyme(타임)
       Butter(버터)
       Salt, Pepper(소금, 후추)

Green grape confit(청포도 콩피)
100g   Green grape(청포도)
30g   Butter(버터)
150ml Chicken stock(치킨 스톡, page 401)
30ml   White wine vinegar
       (화이트 와인 식초)

Herb emulsion(허브 에멀전)
50g   Basil(바질)
50g   Italian parsley(이탤리언 파슬리)
50g   Dill(딜)
50g   Coriander(고수)
200ml Olive oil(올리브 오일)
50g   Egg yolk(달걀 노른자)

Madeira reduction(마데이라 리덕션)
50g   Shallot(샬롯)
50g   Celery(셀러리)
20g   Garlic(마늘)
10g   Sage(세이지)
10g   Orange zest(오렌지 제스트)
30g   Butter(버터)
50ml   Brandy(브랜디)
500ml Madeira(마데이라)
200ml Veal stock(빌 스톡, page 401)
       Salt(소금)

       Snow pea(스노피)
       Green olive(그린 올리브)
       Pea tendril(콩싹)
       Baby amaranth(아마란스 싹)

Method / 조리법

성대는 포를 떠서 잔가시를 제거하고 소금, 후추로 밑간하여 손질한다. 프라이팬에 기름을 두르고 강불에서 팬이 데워지면 손질된 성대의 껍질부분을 먼저 팬에 올려 2분 정도 굽고 노릇한 색이 나면 조심스럽게 뒤집어준다. 버터와 타임을 넣고 스푼을 이용하여 껍질부분에 버터를 올리면서 아로제(Arroser)하며 1분 정도 더 익혀 준비한다.

청포도 콩피 소스 팬에 버터와 청포도를 넣고 약불에서 5분 정도 익혀주다가 화이트 와인 식초를 넣고 바닥이 보일 때까지 조려주고 치킨 스톡을 부어 약불로 15분 동안 천천히 익혀 준비한다.

허브 에멀전 블렌더에 모든 재료를 넣고 완전히 부드럽고 걸쭉한 에멀전이 될 때까지 곱게 갈아주고 체에 걸러 준비한다.

마데이라 리덕션 소스 팬에 버터를 약불에서 녹이고 샬롯, 셀러리와 마늘을 다져 넣고 캐러멜라이징 상태까지 익혀준다. 브랜디를 넣고 바짝 조려준 후 마데이라를 부어주고 오렌지 제스트와 세이지도 함께 넣어 1/2까지 조려준다. 다시 빌 스톡을 넣고 5분 정도 끓여주고 시누아에 걸러 다른 소스 팬에 담아 걸쭉한 리덕션 상태가 될 때까지 조려서 준비한다.

스노피는 끓는 물에 데쳐주고 그린 올리브는 과육 부분만 잘라서 준비한다.

To serve / 담기

접시에 흘러내리듯 마데이라 리덕션을 올려주고 익힌 성대는 두 장을 포개어 올려준다. 허브 에멀전을 성대 앞쪽으로 스푼으로 떨어뜨려 올려주고 청포도 콩피, 스노피와 콩싹을 올리고 성대 위에 아마란스 싹을 올려 마무리한다.

Pickled sweet shrimp with pineapple vinegar & radish salad

파인애플 식초에 절인 단새우 & 무 샐러드

Ingredients / 재료

Pickled sweet shrimp(절인 단새우)

200g	Sweet shrimp(단새우)
50ml	Pineapple vinegar(파인애플 식초)
10ml	Lemon juice(레몬 즙)
30g	Onion(양파)
10g	Garlic(마늘)
50ml	Extra virgin olive oil (엑스트라 버진 올리브 오일)
5g	Mustard seed(머스터드 시드)
5g	Fennel seed(펜넬 시드)
5g	Coriander seed(코리앤더 시드)
20g	Sugar(설탕)
5g	Salt(소금)

Radish salad(무 샐러드)

100g	Radish(무)
30ml	Rice vinegar(현미 식초)
30ml	Water(물)
20g	Sugar(설탕)
	Salt(소금)

Watercress oil(워터크레스 오일)

100g	Watercress(워터크레스)
100ml	Extra virgin olive oil (엑스트라 버진 올리브 오일)

Watercress(워터크레스)
Heliotropium(헬리오트로피움)
Chives flower(차이브꽃)

Method / 조리법

절인 단새우 단새우의 껍질, 대가리와 내장을 제거한 후 끓는 물에 살짝 데치고 얼음물에 담가 식혀서 준비한다. 밀폐용기에 올리브 오일을 제외한 모든 재료를 넣어 잘 섞어주고 섞인 재료들 사이로 준비된 단새우를 함께 넣어준다. 섞인 재료들 위로 올리브 오일을 부어주고 뚜껑을 덮어 냉장고에 넣어 2일 정도 숙성하여 준비한다.

무 샐러드 무의 껍질을 제거하고 얇게 저민 후 쥘리엔(Julienne) 크기로 잘라 약간의 소금과 함께 용기에 담고 10분 정도 절인 후 손으로 짜서 물기를 제거한다. 다른 용기에 현미 식초, 물과 설탕을 잘 섞어주고 물기를 제거한 무와 잘 섞어서 냉장고에 하루 정도 보관한다.

워터크레스 오일 끓는 물에 워터크레스를 넣고 살짝 데친 후 얼음물에 식혀주고 물기를 완전히 제거한 후 믹서기에 올리브 오일과 함께 넣고 완전히 혼합되도록 갈아준다. 고운체에 거즈를 올리고 혼합 된 오일을 내려서 준비한다.

To serve / 담기

접시 중앙에 절여진 새우를 동그랗게 말아서 올리고 그 위로 준비된 무 샐러드를 돔 형태가 되도록 동그랗게 올려준다. 무 샐러드 사이에 단새우를 올려주고 워터크레스, 헬리오트로피움과 차이브꽃도 함께 올린 후 가장자리에 워터크레스 오일을 뿌려 마무리한다.

Poached sea snails in court bouillon with sea weed salad & lemon aioli

쿠르부용에 데친 골뱅이와 함초 샐러드 & 레몬 아이올리

Ingredients / 재료

10마리 　Sea snails(골뱅이)

Court bouillon(쿠르부용)
300g 　　White wine(화이트 와인)
2,000ml Water(물)
80ml 　　White wine vinegar(화이트 와인 식초)
200g 　　Onion(양파)
100g 　　Carrot(당근)
20g 　　　Italian parsley(이탤리언 파슬리)
5g 　　　Whole peppercorns(통후추)
8g 　　　Salt(소금)

Lemon aioli(레몬 아이올리)
100g 　　Mayonnaise(마요네즈)
30ml 　　Lemon juice(레몬 즙)
10g 　　　Lemon zest(레몬 제스트)
20g 　　　Dijon mustard(디종 머스터드)
10g 　　　Garlic juice(마늘 즙)
　　　　　Salt, Pepper(소금, 후추)

Salad(샐러드)
　　　　　Asparagus(아스파라거스)
　　　　　Salicomia herbacea(함초)
　　　　　Sweet cherry(앵두)
　　　　　Red radish pod
　　　　　(레드 래디시 꼬투리열매)
　　　　　Parsley oil(파슬리 오일)
　　　　　Salt(소금)

　　　　　Dill, dill flower(딜, 딜꽃)
　　　　　Red radish flower(레드 래디시꽃)
　　　　　Nasturtium leaves(한련화 잎)

　　　　　Extra virgin olive oil
　　　　　(엑스트라 버진 올리브 오일)

Method / 조리법

골뱅이는 솔을 이용하여 흐르는 물에서 불순물이 없도록 정리하고 준비된 쿠르부용을 중불로 끓이다가 골뱅이를 넣고 10분 동안 익힌 후 속살을 꺼내 식혀서 준비한다.

쿠르부용 　채소들을 슬라이스하여 냄비에 넣고 나머지 재료들도 함께 넣어 중불에서 15분 정도 끓여준다. 체에 건더기를 걸러주고 다른 냄비에 스톡만 담아 준비한다.

레몬 아이올리 　믹싱 볼에 모든 재료를 넣고 위스크를 이용하여 잘 섞이도록 저어주고 소금, 후추로 간을 맞춰 준비한다.

샐러드 　아스파라거스와 함초는 끓는 물에 데쳐 얼음물에 식힌 후 물기를 제거한 뒤 믹싱 볼에 넣어주고 앵두와 레드 래디시 열매도 넣어준다. 파슬리 오일을 넣고 소금으로 간을 맞춰 준비한다.

To serve / 담기

접시 위에 익힌 골뱅이를 동그랗게 올려주고 샐러드도 골뱅이 주변으로 담아준다. 사이사이에 레몬 아이올리를 뿌려주며 딜, 딜꽃, 레드 래디시꽃과 한련화 잎을 올려 장식하고 엑스트라 버진 올리브 오일과 파슬리 오일을 올려 마무리한다.

좋은 음식의 시작은
완벽한 레시피를 준비하기 전에
재료를 온전히 이해하려는 노력이
우선되어야 한다.

Torched-sliced croaker & pickled watermelon with green plum vinegar, basil juice

토치한 민어 & 매실식초 수박 피클과 바질 주스

Ingredients / 재료

200g   Aged croaker(숙성 민어)
       Lemon zest(레몬 껍질)

Pickled watermelon with green plum vinegar (매실식초 수박 피클)
300g   Watermelon(수박)
80g   Salt(소금)
100ml Green plum vinegar(매실식초)
20g   Sugar(설탕)
2g   Salt(소금)
2g   Dill(딜)

Basil juice(바질 주스)
100g   Basil(바질)
30g   Apple mint(애플민트)
100g   Cucumber(오이)
50g   Celery(셀러리)
5ml   Midori(미도리)
       Salt(소금)

       Red radish(레드 래디시)
       Salicomia herbacea(함초)
       Snow peas(스노피)
       Radish flower(래디시꽃)
       Pea tendril(콩싹)
       Mint basil(민트 바질)

Method / 조리법

선어 상태의 민어는 껍질과 가시를 제거하고 2mm 두께로 포를 떠서 한 장씩 포개 올려 트레이에 담은 뒤 민어 살 위로 토치를 이용해서 윗부분만 살짝 익혀준다. 레몬 껍질을 비틀어 민어 위로 레몬 껍질의 즙이 튀어 향이 배도록 준비한다.

수박 피클 수박을 5mm 두께의 길쭉한 채로 썰어주고 소금과 섞어서 1시간 정도 절여준다. 절여진 수박을 2시간 정도 찬물에 담가 수박의 짠맛이 빠지도록 한 후에 헹궈주고 유리병에 담아둔다. 소스 팬에 매실식초, 설탕과 소금을 넣고 끓이다가 유리병에 준비된 수박에 부어주고 딜을 첨가하여 뚜껑을 덮고 하루 정도 숙성하여 준비한다.

바질 주스 녹즙기에 바질, 애플민트, 오이와 셀러리를 넣고 즙을 내어 용기에 담아준다. 미도리를 넣고 소금으로 간을 맞춰 준비한다.

레드 래디시는 파리지엔으로 볼을 파고 함초와 스노피를 끓는 물에 살짝 데친 후 식혀서 준비한다.

To serve / 담기

수박 피클을 접시 바닥 전체에 올려주고 토치하여 준비된 민어를 위에 올려준다. 민어 주위로 레드 래디시, 함초와 스노피를 올려주고 사이사이로 바질 주스를 적당히 부어준다. 래디시꽃과 콩싹, 민트 바질을 올려 마무리한다.

Steamed snapper with vanilla almond sauce & pickled green rhubarb

바닐라 아몬드 소스와 도미찜 & 그린 루바브 피클

Ingredients / 재료

200g   Snapper(도미 살)
        Salt, Pepper(소금, 후추)

**Vanilla almond sauce
(바닐라 아몬드 소스)**
150g   Almond(아몬드)
200g   Cream(크림)
80ml   Milk(우유)
1개   Vanilla bean(바닐라 빈)
50g   Ghee butter(기버터)
30ml   Olive oil(올리브 오일)
5g   Xanthan gum(잔탄 검)
        Salt(소금)

Pickled green rhubarb(그린 루바브 피클)
50g   Green rhubarb(그린 루바브)
150ml   Pickle juice(피클주스, page 400)

        Nasturtium oil(한련화 오일, page 35)
        Green tomatoes(그린 토마토)
        Rhubarb(루바브)
        Nasturtium leaves & flower
        (한련화 잎 & 꽃)
        Borage flower(보리지꽃)
        Arugula flower(루콜라꽃)
        Chive flower(차이브꽃)
        Wood sorrel(우드 쏘렐)

Method / 조리법

도미 살은 가시와 껍질을 제거한 후 20mm 크기로 잘라 소금, 후추로 밑간하여 주고 스티머에 넣어 5분 정도 쪄내 준비한다.

바닐라 아몬드 소스   아몬드의 껍질을 제거하여 기버터와 올리브 오일을 블렌더에 함께 넣고 크림 형태가 될 때까지 곱게 갈아준다. 소스 팬을 중불에 올리고 크림과 우유를 넣고 바닐라 빈을 반으로 갈라 속을 파내 함께 넣어 끓인다. 크림이 끓기 시작

하면 간 아몬드를 넣고 약불로 천천히 5분 정도 끓이다가 잔탄 검을 넣어 잘 저어준다. 걸쭉한 형태의 농도가 나오기 시작하면 불을 끄고 고운체에 걸러 준비한다.

그린 루바브 피클   루바브를 깨끗하게 손질하고 3mm 두께로 잘라 용기에 담고 피클주스를 붓고 냉장고에 넣어 하루 이상 보관하여 준비한다.

To serve / 담기

쪄낸 도미 위로 바닐라 아몬드 소스를 씌우듯이 감싸준 후 접시에 올려준다. 루바브 피클과 그린 토마토를 슬라이스하여 도미 옆에 놓아주고 그린 루바브도 얇게 저며서 올려준다. 한련화 오일을 뿌린 후 허브와 꽃들을 올려 마무리한다.

Raw bigeye tuna, salmon, yellow tail & pickled bell pepper

눈다랑어, 연어와 방어 & 피망 피클

Ingredients / 재료

100g   Bigeye tuna(눈다랑어)
100g   Salmon(연어)
100g   Yellow tail(방어)
10g   Lemon juice(레몬 즙)
        Salt, Pepper(소금, 후추)

Pickled bell pepper(피망 피클)

50g   Paprika(3색 피망)
300ml   Pickle juice(피클주스, page 400)

        Extra virgin olive oil
        (엑스트라 버진 올리브 오일)
        Mint basil(민트 바질)
        Parsley flower(파슬리꽃)
        Dill(딜)

Method / 조리법

생선들은 잘 손질하여 포를 뜨고 잔가시를 모두 제거한 후 거즈에 올려 냉장고에서 하루 정도 숙성시킨다. 숙성된 생선들은 두께 5mm, 길이 30mm로 썰어 돌돌 말아서 준비한다.

피망 피클 피망은 스토브와 토치를 사용하여 구운 후 찬물에 담가 껍질을 제거하고 잘 손질하여 10mm 지름의 원형 틀로 찍어서 모양을 만들고 피클주스를 부어 냉장고에 보관한다.

To serve / 담기

차가운 접시에 돌돌 말아서 준비된 생선을 놓고 붓으로 레몬 즙을 살짝만 발라준다. 피망 피클을 생선 살 옆으로 놓아주고 엑스트라 버진 올리브 오일을 생선과 피클 주위로 뿌려준다. 딜, 파슬리꽃, 바질 싹과 소금, 후추로 마무리한다.

Salmon gravlax with white balsamic vinaigrette & honeydew, watermelon salad

연어 그라블락스와 화이트 발사믹 비네그레트 & 멜론 수박 샐러드

Ingredients / 재료

200g	Mixed green salad(샐러드 채소)
100g	Honeydew melon(허니듀 멜론)
100g	Watermelon(수박)
50g	Feta cheese(페타치즈)
10g	Purple carrot(자색 당근)

Salmon gravlax(연어 그라블락스)

1마리	Raw Salmon(생연어)
20g	Crushed white peppercorns (으깬 백후추)
140g	Brown sugar(황설탕)
100g	Refined salt(정제소금)
80g	Dill(딜)
1개	Orange(오렌지)
20ml	Brandy(브랜디)
30ml	Extra virgin olive oil (엑스트라 버진 올리브 오일)

White balsamic vinaigrette (화이트 발사믹 비네그레트)

150g	Extra virgin olive oil (엑스트라 버진 올리브 오일)
50ml	White balsamic vinegar (화이트 발사믹 식초)
15g	Honey(꿀)
15ml	Lemon juice(레몬즙)
	Salt, Pepper(소금, 후추)

Method / 조리법

연어 그라블락스 연어는 대가리와 내장을 제거하고 뼈와 분리하는 필렛(fillet) 작업을 하고 다듬어진 연어의 살이 있는 부분으로 브랜디를 고루 발라 냉장고에 보관한다. 소금, 후추, 설탕과 오렌지의 껍질부분만 강판에 갈아 다 같이 섞어 양념을 만든다. 냉장고에 준비된 연어를 꺼내어 살부분에 양념을 골고루 문지르면서 올려준다. 그 위에 딜을 올리고 두 장의 연어 필렛을 겹쳐주고 랩으로 꼼꼼하게 말아준 후 냉장고에서 3~4일 정도 숙성시킨다. 숙성된 연어는 물로 양념을 모두 걷어낸 후 물기를 제거하고 올리브 오일을 발라 냉장고에서 하루 정도 더 숙성시킨다.

화이트 발사믹 비네그레트 모든 재료를 믹싱 볼에 넣고 서로 잘 섞이도록 저어주며 적당량의 소금과 후추로 간을 맞춘다.

To serve / 담기

적당량의 샐러드를 접시에 올리고 숙성된 연어를 얇게 저미듯이 썰어 같이 올려준다. 허니듀와 수박은 파리지엔(parisienne cutter)으로 모양을 내어 올려주고 자색 당근과 레드 래디시도 얇게 저며 올린다. 화이트 발사믹 비네그레트를 골고루 뿌린 후 페타치즈를 올려 마무리한다.

한 길만 걸어온 해녀의 삶,
재료를 어떻게 다뤄야 하는지
명쾌한 답을 준다.

강원도 속초 해녀

Rainbow trout cured in gin & citrus with trout roe & avocado cream

진과 오렌지에 절인 송어와 송어알 & 아보카도 크림

Ingredients / 재료

1마리	Rainbow trout(무지개 송어)
400g	Sugar(설탕)
400g	Salt(소금)
1개	Lemon(레몬)
1개	Orange(오렌지)
20g	Coriander seed(고수 씨)
50g	Dill(딜)
20g	Thyme(타임)
50ml	Gin(진)
	Olive oil(올리브 오일)

Avocado cream(아보카도 크림)

1개	Avocado(아보카도)
20ml	Lemon juice(레몬주스)
10g	Garlic(마늘)
	Salt(소금)

Trout roe(송어알)
Red radish(레드 래디시)

Method / 조리법

송어는 두 장으로 포를 뜨고 깨끗하게 손질하여 물기를 제거한 뒤 냉장고에 보관해 둔다. 믹싱 볼에 설탕과 소금을 넣고 레몬, 오렌지 껍질과 고수 씨를 골고루 섞어준다. 손질된 송어의 안쪽 면에 진을 문지르듯 발라주고 그 위에 믹싱 볼에 준비된 시즈닝을 고루 펼쳐서 올린 뒤 딜과 타임을 올리고 포갠 후에 랩으로 말아 냉장고에서 3일 정도 숙성시킨다. 숙성된 송어의 시즈닝을 깨끗하게 제거하고 살부분에 올리브 오일을 문지르듯 발라준 후 냉장고에 보관한다.

아보카도 크림 믹싱 볼에 아보카도 속, 레몬주스와 다진 마늘을 넣고 소금으로 간을 조절하면서 핸드 블렌더로 부드럽게 갈아준다.

To serve / 담기

접시 바닥에 레드 래디시와 큐브로 자른 절인 송어를 올려주고 아보카도 크림과 송어알을 올려준다. 허브 잎과 꽃잎으로 마무리 장식을 한다.

Poached abalone in umami bouillon with foie gras mousse

우마미 부용에 익힌 전복과 푸아그라 무스

Ingredients / 재료

5마리   Abalone(전복)

Umami bouillon(우마미 부용)
50g   Dried bonito(가다랑어포)
20g   Kelp(다시마)
30g   Shiitake(표고버섯)
30g   Spring onion(대파)
20g   Soy sauce(간장)
50g   Dried tomato(드라이 토마토)
800ml Water(물)

Foie gras mousse(푸아그라 무스)
150g   Foie gras(푸아그라)
50g   Apple(사과)
30g   Onion(양파)
30g   Butter(버터)
20g   Honey(꿀)
10ml   Brandy(브랜디)
80ml   Fresh cream(생크림)
          Salt, Pepper(소금, 후추)

          Chioggia beetroot(키오자 비트)
          Yellow beetroot(옐로 비트)
          Wood sorrel(우드 쏘렐)
          Sedum(돌나물)
          Chervil(처빌)
          Mint flower(민트꽃)

Method / 조리법

전복은 솔을 이용해서 깨끗하게 손질 후 껍질과 내장을 분리해서 준비하고 껍데기는 냉장고에 보관해 준비한다.

우마미 부용 냄비에 물과 다시마, 표고버섯, 대파를 넣고 20분 정도 약불로 끓여주고 가다랑어포와 간장을 넣고 20초 정도 더 끓인 후에 모든 재료를 걷어낸다. 드라이 토마토와 함께 손질된 전복을 육수에 넣어 30분 정도 시머링(Simmering)하여 준비한다.

푸아그라 무스 소스 팬을 약불에 올려 버터를 넣고 꿀과 함께 사과와 양파를 다져서 넣고 천천히 익혀준다. 재료들이 잼상태로 익으면 푸아그라와 브랜디를 넣고 생크림을 추가해서 재료들을 데워준 후 불을 끄고 핸드 블렌더를 이용해 무스 형태로 갈아 소금, 후추로 간을 맞춰 준비한다.

비트는 망돌린(Mandoline)으로 얇게 밀고 원형 틀로 찍어서 동그랗게 준비한다.

To serve / 담기

접시 위에 맥반석을 놓고 그 위에 전복 껍데기를 올리고 익힌 전복 살을 넣어준다. 전복 위로 푸아그라 무스를 올리고 민트꽃을 놓아준다. 비트, 우드 쏘렐, 돌나물과 처빌을 맥반석 사이에 올려 마무리한다.

Old bay steamed blue crab & chili grapefruit salsa, fresh rhubarb, grilled endive

올드 베이 꽃게찜 & 청양고추 자몽 살사, 루바브와 구운 엔다이브

Ingredients / 재료

3마리	Blue crab(꽃게)
50g	Old bay seasoning(올드 베이 시즈닝)
300ml	Beer(맥주)
150ml	White wine vinegar (화이트 와인 식초)
50g	Salt(소금)

Chili grapefruit salsa(청양고추 자몽 살사)

100g	Grapefruit(자몽)
50g	Cheongyang red pepper(청양고추)
20ml	Lemon juice(레몬주스)
20g	Honey(꿀)
	Salt(소금)
	Pepper(후추)
1개	Endive(엔다이브)
50g	Whole grain mustard (홀그레인 머스터드)

100g	Rhubarb(루바브)
1개	Cheongyang red pepper(청양고추)
	Spearmint(스피어민트)
	Mint flower(민트꽃)
	Edible flowers(식용 꽃)
	Salt(소금)

Method / 조리법

꽃게는 솔을 사용하여 흐르는 물에 껍질 앞뒤로 깨끗하게 손질하여 준비한다. 스톡 포트에 올드 베이 시즈닝, 맥주, 식초와 소금을 넣고 끓여준다. 포트 안에 스티머를 받쳐주고 손질된 꽃게를 등이 바닥을 향하도록 뒤집어서 올려주고 뚜껑을 덮어 15분 정도 익혀서 준비한다.

청양고추 자몽 살사 자몽은 껍질과 속껍질을 제거하고 알갱이가 살아 있도록 분리해서 준비하고 청양고추는 가늘고 둥글게 잘라 물에 씻어서 씨앗을 제거하여 준비한다. 믹싱 볼에 준비된 자몽과 고추를 넣고 레몬주스, 꿀과 소금, 후추로 간을 맞춰 살사를 준비한다.

루바브 필러를 이용해서 얇고 길게 밀어 얼음물에 담가 꽈배기 모양으로 꼬일 때까지 1시간 정도 냉장고에 보관했다 꺼내고 물기를 제거하여 준비한다.

To serve / 담기

꽃게는 딱지를 제거한 뒤 속살을 깨끗하게 정리하고 엔다이브는 그릴에 구워 접시 위에 올려준다. 청양고추 자몽 살사를 더해주고 준비된 루바브와 허브, 식용 꽃을 올려서 마무리한다.

Broiled slipper lobster with lavender raspberry vinegar sauce

브로일드 부채새우와 라벤더 라즈베리 비니거 소스

Ingredients / 재료

1마리 Slipper lobster(부채새우)
Ghee butter(기버터)
Salt(소금)

**Lavender raspberry vinegar sauce
(라벤더 라즈베리 비니거 소스)**
150ml Raspberry vinegar(라즈베리 식초)
10g Lavender flower petals(라벤더 꽃잎)
20g Shallot(샬롯)
5g Sugar(설탕)
200ml Chicken stock(치킨 스톡, page 401)
Salt(소금)

Lavender flower(라벤더꽃)
Bronze fennel(브론즈 펜넬)

Method / 조리법

부채새우는 솔을 이용하여 껍질을 깨끗하게 닦아주고 대가리와 몸통을 분리한 후 몸통 배부분의 껍질을 제거한다. 브러시를 이용하여 배 쪽 살부분에 기버터를 바르고 소금으로 밑간을 한다. 브로일러(Broiler)에 부채새우를 넣고 뒤집어가면서 구워주고 살부분은 1~2번 정도 버터를 더 바르면서 구워준다.

라벤더 라즈베리 비니거 소스 소스 팬을 약불에 올리고 라즈베리 식초, 설탕과 함께 샬롯을 다져서 넣어 1/4까지 바짝 조려준다. 적당히 조려지면 치킨 스톡을 부어 1/2까지 다시 졸여준다. 스톡이 졸여지면 라벤더 꽃잎을 넣어 2분 정도 더 졸인 후에 소금으로 간을 맞춰주고 시누아에 걸러 소스를 준비한다.

To serve / 담기

구워진 부채새우를 접시에 담아 올리고 소스도 한쪽에 올려준다. 라벤더꽃을 다발로 묶어 소스 위로 올려주고 브론즈 펜넬도 부채새우 살 위로 올려 마무리한다.

전라남도 영광군 저자의 농장

Smoked fleshy prawn & pickled sweet persimmon, watermelon radish salad, passion fruit

훈연시킨 대하구이 & 단감, 수박무 피클 샐러드, 패션프루트

Ingredients / 재료

10마리 Fleshy prawn(대하새우)
1개   Passion fruit(패션프루트)
        Butter(버터)

Pickled sweet persimmon & watermelon radish salad(단감 & 수박무 피클 샐러드)
200g   Sweet persimmon(단감)
200g   Watermelon radish(수박무)
100ml   Champagne vinegar(샴페인 식초)
100ml   Water(물)
80g   Sugar(설탕)
30g   Salt(소금)
10g   Ginger(생강)
5g   Cinnamon stick(시나몬 스틱)

        Red radish(레드 래디시)
        Sweet dill(스위트 딜)
        Calendula(컬렌듈라)
        Hickory wood chips(히코리 우드칩)

Method / 조리법

새우의 꼬리부분은 남기고 껍질과 대가리를 제거하여 버터 두른 팬에 올려 약불에서 너무 익지 않도록 주의하여 익혀준다. 익힌 새우는 다른 팬으로 옮겨주고 스모킹 건에 히코리 우드칩을 넣어 태운 후 새우에 향이 배도록 뚜껑을 덮어 훈연시키면서 준비한다.

단감 & 수박무 피클 샐러드 단감과 무는 슬라이서로 얇게 밀어준 후 원형 틀을 이용하여 동그란 모양으로 준비한다. 냄비에 식초, 물, 설탕, 소금과 생강, 시나몬을 넣고 5분 정도 끓여준다. 완성된 피클주스를 체에 걸러 완전히 식혀두고 용기에 준비된 단감과 무를 넣고 피클주스를 부어 냉장고에서 하루 정도 숙성시켜 준비한다.

To serve / 담기

패션프루트의 속을 파내서 접시 위에 먼저 올리고 준비된 피클과 레드 래디시를 얇게 밀어서 같이 올려준다. 그 위에 훈연된 새우와 함께 스위트 딜, 컬렌듈라를 올려 마무리한다.

Spaghettini in sea urchin bisque sauce

성게 크림 비스큐 소스와 스파게티니

Ingredients / 재료

3마리	Sea urchin(보라 성게)
200g	Spaghettini(스파게티니)
	Butter(버터)

Sea urchin bisque(성게 크림 비스큐)

30g	Sea urchin(보라 성게)
100ml	Langoustine bisque (랑구스틴 비스큐, page 401)
80ml	Fish stock(피시 스톡, page 402)
50ml	Fresh cream(생크림)
20g	Shallot(샬롯)
30ml	White wine(화이트 와인)
30g	Butter(버터)
	Salt(소금)

Frill mustard(프릴 머스터드)
Chive flower(차이브꽃)
Caviar(캐비아)

Method / 조리법

성게의 껍질 윗부분을 제거한 후 작은 스푼을 이용하여 조심스럽게 성게알을 꺼내어 부유물을 제거하여 준비한다. 끓는 물에 스파게티니 면을 넣고 6분 정도 익혀서 준비한다.

성게 크림 비스큐 소스 팬을 약불에 올리고 버터와 샬롯을 넣어 5분간 익히고 화이트 와인을 넣어 데글레이즈(Deglaze)한다. 피시 스톡을 넣어 1/3까지 조려주고 랑구스틴 비스큐와 생크림을 넣고 3분 정도 더 조려준 후에 성게알을 넣고 핸드 블렌더를 이용하여 모든 재료들이 곱게 갈려서 섞이도록 하고 소금으로 간을 맞춰 소스를 완성한다.

소스 팬을 중불에 올리고 완성된 소스와 익혀진 스파게티니 면을 넣어 서로 잘 섞이도록 저어주며 끓이다가 적당히 조려지면 약간의 버터를 넣고 잘 섞어준다.

To serve / 담기

브러시를 이용하여 접시 중앙으로 둥근 원이 되도록 소스를 발라주고 그 위에 스파게티니 면을 돌돌 말아 담아준다. 면 위로 성게알과 캐비아를 올려주고 주변으로 레드 프릴과 차이브꽃을 올려 마무리한다.

Fresh Canadian sea urchin with grapefruit honey vinaigrette & zucchini herb salad

캐나디언 성게와 자몽 허니 비네그네트 & 주키니 허브 샐러드

Ingredients / 재료

150g   Canadian sea urchin
         (캐나디언 성게)

**Grapefruit honey vinaigrette
(자몽 허니 비네그레트)**

100g   Ruby red grapefruit(루비 레드 자몽)
50g   Honey(꿀)
30ml   Champagne vinegar
         (샴페인 식초)
50ml   Extra virgin olive oil
         (엑스트라 버진 올리브 오일)

         Salt(소금)

100g   Yellow zucchini(노란 주키니)
100g   Zucchini(청 주키니)
         Salicomia herbacea(함초)
         Ruby red(루비 레드)
         Mint basil(민트 바질)
         Sweet dill(스위트 딜)
         Frisee(프리세)
         Chive flower(차이브꽃)
         Extra virgin olive oil
         (엑스트라 버진 올리브 오일)

Method / 조리법

자몽 허니 비네그레트   자몽은 겉과 속의 껍질을 모두 제거하고 과육의 알갱이만 분리해서 준비하고 믹싱볼에 꿀, 식초와 올리브 오일을 넣고 위스크로 저어서 잘 섞은 뒤 소금으로 간을 맞춘다. 과육만 준비된 자몽을 넣어 스푼으로 조심스럽게 섞어주고 냉장고에 넣어 준비한다.

주키니는 망돌린을 이용하여 1mm 두께로 밀어서 소금과 함께 끓는 물에 데친 후 얼음물에 식혀주고 돌돌 말아 준비한다. 함초도 끓는 물에 같이 데쳐서 준비한다.

To serve / 담기

돌돌 말아 준비된 주키니를 샐러드 볼에 올려주고 그 옆으로 캐나디언 성게를 가지런히 올려준다. 비네그레트를 꺼내어 자몽 과육만 건져 올려주고 함초, 루비 레드, 민트 바질, 스위트 딜, 프리세와 차이브꽃을 놓아 샐러드를 완성하고 엑스트라 버진 올리브 오일을 부려 마무리한다.

Slow-simmering giant octopus with Peruvian green sauce & truffle honey

부드럽게 삶아낸 돌문어와 페루비안 그린 소스 & 트러플 허니

Ingredients / 재료

500g	Giant octopus(돌문어)
200ml	White wine(화이트 와인)
1500ml	Water(물)
50g	Kelp(다시마)
50g	Orange zest(오렌지 제스트)
5g	Whole peppercorns(통후추)
40g	Salt(소금)

Peruvian green sauce(페루비안 그린 소스)

100g	Red onion(적양파)
100g	Mayonnaise(마요네즈)
30ml	White wine vinegar (화이트 와인 식초)
20ml	Lime juice(라임 즙)
50g	Cheongyang red pepper(청양고추)
100g	Coriander(고수)
10g	Garlic(마늘)
	Olive oil(올리브 오일)
	Salt, Pepper(소금, 후추)

Chioggia beetroot(키오자 비트)
Yellow beetroot(옐로 비트)
Red beetroot(적비트)
Truffle honey(트러플 허니)
Pea tendril(콩싹 잎)

Method / 조리법

돌문어는 내장 제거 후 손질하고 냄비에 문어를 제외한 모든 재료를 넣고 끓여준다. 물이 끓기 시작하면 손질된 문어를 넣고 다시 물이 끓기 시작하면 가장 약한 불로 줄이고 40분 정도 천천히 익혀준다. 익혀진 문어는 조심스럽게 꺼내어 실온에서 천천히 식혀 준비한다.

페루비안 그린 소스 적양파를 다져 프라이팬에서 올리브 오일과 함께 투명하게 익힌 뒤 식혀둔다. 블렌더에 익힌 양파와 마요네즈, 식초, 라임 즙을 넣고 갈면서 잘 섞어주고 청양고추, 고수와 마늘도 다진 후에 넣고 같이 갈아서 크림처럼 부드럽게 만들고 소금, 후추로 간을 맞춰 준비한다.

비트는 색깔별로 슬라이서에 얇게 밀어주고 원형 틀을 이용하여 동그란 모양으로 만들어 준비한다.

To serve / 담기

문어는 다리부분을 잘라 스티머에 넣고 데워서 접시에 올린 후 준비된 페루비안 그린 소스를 올려준다. 비트와 트러플 허니를 올리고 콩싹 잎을 놓아 마무리한다.

Hairy crab salad with cold coconut milk ravioli & pickled spring onion

차가운 코코넛 밀크 라비올리를 올린 털게 샐러드 & 대파 피클

Ingredients / 재료

1 마리   Hairy crab(털게)

Cold coconut milk ravioli
(코코넛 밀크 라비올리)
200ml   Coconut milk(코코넛 밀크)
3g   Gellan gum(젤란 검)

Hairy crab salad(털게 샐러드)
100g   Hairy crab meat(털게 살)
20g   Onion(양파)
20g   Cucumber(오이)
50ml   Fresh cream(생크림)
10g   Dijon mustard(디종 머스터드)
10ml   Lemon juice(레몬 즙)
5g   Mint(민트)
5g   Dill(딜)
        Salt(소금)
        Pepper(후추)

Pickled spring onion(대파 피클)
100g   Spring onion(대파)
100ml   Red wine vinegar(레드 와인 식초)
30g   Sugar(설탕)

        Sorrel(쏘렐)
        Edible flowers(식용 꽃)
        Champagne vinegar reduction
        (샴페인 식초 리덕션, page 400)

Method / 조리법

코코넛 밀크 라비올리 소스 팬에 코코넛 밀크를 넣고 조금 끓기 시작하면 젤란 검을 넣고 천천히 저어 섞이도록 준비한다. 호텔 팬에 랩을 깔아 코코넛 밀크를 1mm 두께로 평평하게 펴지듯 부어준 뒤 냉장고에 넣어 식혀주고 3시간 뒤 젤리처럼 완전히 굳으면 원형 틀을 이용하여 라비올리 모양으로 찍어내 준비한다.

털게는 딱지와 다리 사이를 깨끗하게 손질하고 스티머를 준비하여 물이 끓으면 게를 거꾸로 뒤집어서 15분 정도 익혀준다. 익힌 털게는 꺼내어 완전히 식혀서 딱지는 제거하고 다리를 분리하고 몸통 속살은 샐러드 재료로 준비하고 다리는 껍질을 제거하여 준비한다.

털게 샐러드 믹싱 볼을 준비하고 양파, 오이, 민트와 딜을 찹핑하여 넣어주고 손질해서 준비한 털게 살도 넣어준다. 생크림은 위스크를 이용해서 묽은 거품이 날 정도만 준비하고 디종 머스터드와 레몬 즙을 넣어 섞어주고 믹싱 볼에 준비된 다른 재료들과 함께 잘 섞고 소금, 후추로 간을 하여 샐러드를 준비한다.

대파 피클 대파는 흰 부분만 손질하여 링 모양이 되도록 잘라서 준비하고 소스 팬에 레드 와인 식초와 설탕을 넣고 끓이다가 설탕이 녹으면 준비된 대파를 넣고 식혀서 준비한다.

To serve / 담기

접시 가운데 게살 샐러드를 올려 담고 주위에 털게 모양으로 손질된 다리살을 올려준다. 샐러드 위에 코코넛 밀크 라비올리를 올려주고 대파 피클과 쏘렐, 식용 꽃을 올려주고 샴페인 식초 리덕션을 뿌려 마무리한다.

Pastel de bacalhau with Parma ham & bianchetto truffle

바칼라우와 파르마 햄 & 비앙케토 트러플

Ingredients / 재료

Bacalhau(바칼라우)

300g	Salted cod meat(염장 대구 살)
400g	Potato(감자)
80ml	Milk(우유)
30g	Onion(양파)
5g	Garlic(마늘)
10g	Italian parsley(이탤리언 파슬리)
2개	Egg(달걀)
	Pepper(후추)
	Fine bread crumb(고운 빵가루)
30g	Parma ham(파르마 햄)
	Bianchetto truffle(비앙케토 트러플)
	Basil seed(바질 시드)
	Cornichon(코르니숑)
	Whole grain mustard (홀그레인 머스터드)
	Green beans(그린 빈스)
	Red radish(레드 래디시)
	Italian parsley(이탤리언 파슬리)
	Baby basil(미니 바질)
	Sorrel(쏘렐)
	Truffle oil(트러플 오일)

Method / 조리법

바칼라우 염장 대구 살을 차가운 물에 담가 하루 이상 보관하여 염분을 빼서 준비한다. 끓는 물에 염분을 뺀 대구 살을 넣어 15분 정도 익혀주고 찬 물에 식힌 후 물기를 제거해 준다. 감자도 끓는 물에 넣고 완전히 익힌 후 식혀서 준비한다. 익힌 대구 살을 손으로 잘게 찢어서 믹싱 볼에 넣고 식힌 감자도 포테이토 라이서를 이용하여 곱게 으깨서 함께 넣어준다. 양파, 마늘과 이탤리언 파슬리도 곱게 다져서 믹싱 볼에 넣고 우유와 함께 달걀 노른자와 후춧가루를 넣고 잘 섞어준다. 달걀 흰자는 거품기를 이용하여 거품을 내고 대구 살 반죽에 넣어 골고루 다시 한 번 잘 섞어서 준비한다.

커넬 스푼을 이용하여 반죽의 모양을 잡아주고 고운 빵가루를 묻혀준 후에 180도로 예열된 튀김기에 넣어 노릇하게 튀겨서 준비한다.

그린 빈스는 끓는 물에 데쳐서 준비하고 바질 시드는 물에 불려 준비한다.

To serve / 담기

접시에 튀긴 바칼라우를 올려주고 물에 불린 바질 시드와 홀그레인 머스터드를 올려준다. 파르마 햄, 트러플과 레드 래디시를 얇게 저며서 올려주고 코르니숑, 그린 빈스와 함께 허브를 곁들이고 트러플 오일을 뿌려 마무리한다.

Charcoal grilled eel with raspberry honey wine sauce

장어 숯불구이와 라즈베리 허니 와인 소스

Ingredients / 재료

1마리　Eel(민물장어)

**Raspberry honey wine sauce
(라즈베리 허니 와인 소스)**
100ml　Raspberry juice(산딸기 즙)
100ml　Red wine(레드 와인)
200ml　Brown chicken stock
　　　　(브라운 치킨 스톡, page 401)
80g　Honey(꿀)
50g　Shallot(샬롯)
50g　Spring onion(대파)
50g　Garlic(마늘)
20g　Ginger(생강)
20g　Rosemary(로즈메리)
10g　Whole peppercorns(통후추)
5g　Star anise(스타 아니스)
　　　Olive oil(올리브 오일)

Raspberry dressing(라즈베리 드레싱)
50ml　Raspberry juice(산딸기 즙)
50ml　Raspberry vinegar(라즈베리 식초)
100ml　Olive oil(올리브 오일)
30g　Honey(꿀)
　　　Salt(소금)

　　　Spaghetti(스파게티)
　　　Asparagus(아스파라거스)
　　　Sorrel(쏘렐)
　　　Raspberry(산딸기)
　　　Chervil(처빌)

Method / 조리법

우드 파이어 그릴에 숯불을 준비하고 오븐은 200도로 미리 예열한다. 장어는 잔뼈가 없도록 손질하고 소금 밑간을 해서 숯불 위에서 잘 뒤집어가며 중간 정도로 익혀준다. 오븐 트레이에 장어를 올리고 붓으로 라즈베리 허니 와인 소스를 발라 오븐에 넣고 5분 정도 더 익혀서 준비한다.

라즈베리 허니 와인 소스　소스 팬에 올리브 오일을 두르고 샬롯, 대파, 마늘과 생강을 슬라이스해서 넣고 중불에서 10분 정도 익혀준다. 재료들이 바닥에 붙기 시작하면 레드 와인을 부어 데글레이즈하고 산딸기 즙, 치킨 스톡과 꿀을 넣고 로즈메리, 통후추와 스타 아니스도 함께 넣어 1/2까지 조려준다. 소스가 조려지면 시누아에 걸러서 준비한다.

라즈베리 드레싱　믹싱 볼에 모든 재료를 넣고 핸드 블렌더를 사용하여 갈아서 농도가 걸쭉한 상태의 드레싱이 되도록 만들고 소금으로 간을 맞춰 준비한다. 아스파라거스는 끓는 물에 데쳐주고 스파게티도 끓는 물에 삶아서 익으면 아스파라거스에 돌돌 말아서 준비한다.

To serve / 담기

접시 위에 허니 와인 소스를 올리고 그 위에 준비된 장어를 올려준다. 한쪽에 라즈베리 드레싱을 올리고 그 위에는 스파게티를 말아서 준비한 아스파라거스를 올려준다. 쏘렐, 산딸기와 처빌을 올려 마무리한다.

Pan-seared baby scallops & stuffed scallop tapioca pearl balls, fresh cranberries

팬에 구운 베이비 관자 & 관자를 채운 타피오카 펄 볼과 크랜베리

Ingredients / 재료

100g   Baby scallops(베이비 관자)
       Butter(버터)
       Salt, Pepper(소금, 후추)

**Stuffed scallop tapioca pearl balls
(관자를 채운 타피오카 펄 볼)**
150g   Tapioca pearl(타피오카 펄)
50g   Baby scallops(베이비 관자)
       Salt(소금)

       Fresh cranberries(생크랜베리)
       Zucchini(주키니)
       Red radish(레드 래디시)
       Basil seed(바질 시드)
       Wood sorrel(우드 쏘렐)
       Extra virgin olive oil
       (엑스트라 버진 올리브 오일)

Method / 조리법

프라이팬에 버터를 적당히 두르고 베이비 관자의 한쪽 부분만 올려서 노릇하게 구워주고 트레이에서 꺼내어 소금, 후추를 뿌려 간을 맞춰 준비한다.

타피오카 펄 볼 프라이팬에 버터를 두르고 관자를 익혀 준비하고 믹싱 볼에 타피오카 펄을 절반만 넣고 끓는 물을 준비해서 타피오카와 같은 양의 뜨거운 물을 타피오카에 부어 반죽을 만들어준다. 반죽이 완성되면 익혀둔 베이비 관자를 반죽으로 감싸서 손으로 돌려가며 볼 모양으로 만들어주고 나머지 타피오카 펄과 반죽이 붙도록 하고 손으로 꾹 눌러가며 볼 모양을 만들어 준비한다. 스티머에 찜용 천을 깔고 물이 끓으면 타피오카 펄 볼을 넣어 5분 정도 익혀주고 약간의 소금을 뿌려 간을 맞춰 준비한다.

바질 시드는 씨앗보다 3배 정도 많은 물에 담가 냉장고에서 하루 정도 불려 준비한다. 주키니는 파리지엔으로 볼을 만들어 끓는 물에 익혀주고 레드 래디시도 볼 모양으로 준비한다.

To serve / 담기

접시 위에 스티머에서 쪄진 타피오카 펄 볼을 올리고 버터에 익힌 관자도 올려준다. 하루 정도 불려둔 바질 시드와 함께 호박과 레드 래디시도 첨가하고 생크랜베리는 절반으로 잘라 사이사이에 올려준다. 우드 쏘렐 잎을 올려 마무리한다.

Poached lobster with maple water & pea aioli

고로쇠 수액으로 데친 랍스터 & 완두콩 아이올리

Ingredients / 재료

1마리	Lobster(랍스터)
1,000ml	Maple water(고로쇠 수액)
100g	Butter(버터)
5g	Salt(소금)

Pea aioli(완두콩 아이올리)

200g	Peas(완두콩)
150g	Mayonnaise(마요네즈, page 400)
20g	Garlic(마늘)
	Salt(소금)

100g	Peas(완두콩)
	Sour cream(사워크림)
	Snow peas(스노피)
	Snow peas blossom and tendrils (스노피 꽃과 싹)
	Balsamic vinegar(발사믹 식초)
	White balsamic reduction (화이트 발사믹 리덕션, page 400)

Method / 조리법

끓는 물을 준비하고 랍스터를 넣어 5분 정도 익혀 준 뒤 꺼내서 얼음물에 넣어 식혀주고 집게와 몸통 부분의 껍질을 제거하여 준비한다. 냄비에 고로쇠 수액과 버터, 소금을 함께 끓이다가 손질해 둔 랍스 터를 넣고 약불에서 4분 정도 더 익혀주고 꺼내어 준비한다.

완두콩 아이올리 완두콩과 마늘을 끓는 물에서 완 전히 익을 때까지 푹 익혀준다. 익힌 완두콩은 물기 를 제거하고 블렌더에 갈아서 곱게 체에 내려 완전 히 식혀 준비한다. 믹싱 볼에 준비된 완두콩과 마요 네즈를 넣고 스패츌러로 잘 섞어주고 소금으로 간 을 맞춰 준비한다. 완두콩과 스노피는 끓는 물에 적당히 익혀 준비한다.

To serve / 담기

랍스터는 몸통을 절반으로 자르고 집게와 함께 접시에 올려준다. 익혀서 준비한 완두콩과 스노피를 주변으로 올려주고 사워크림과 적당량의 화이트 발사믹 리덕션을 올려준다. 스노피 싹과 꽃을 올려 마무리한다.

Steamed seashells with watermelon & cucumber ceviche, sherry wine vinegar jelly

참소라 찜 & 수박, 오이 세비체와 셰리 와인 식초 젤리

Ingredients / 재료

2마리　Seashells(참소라)

Watermelon & cucumber ceviche (수박, 오이 세비체)
100g　Watermelon(수박)
100g　Cucumber(오이)
10g　Shallot(샬롯)
50ml　Lime juice(라임 즙)
　　　Extra virgin olive oil
　　　(엑스트라 버진 올리브 오일)
　　　Tabasco(타바스코 소스)
　　　Salt, Pepper(소금, 후추)

Sherry vinegar jelly(셰리 식초 젤리)
150ml　Sherry wine vinegar(셰리 와인 식초)
2g　Agar agar(한천)

　　　Baby cucumber(미니 오이)
　　　Red radish(레드 래디시)
　　　Wood sorrel(우드 쏘렐)
　　　Wood sorrel flower(우드 쏘렐꽃)
　　　Bay salt(천일염)

Method / 조리법

스티머에 물이 끓으면 껍질을 깨끗하게 손질한 참소라를 넣고 15분 동안 익혀준다. 익힌 참소라의 살을 꺼내어 식혀두고 껍데기는 깨끗하게 헹구고 물기를 제거해서 준비한다.

수박, 오이 세비체 수박과 오이는 파리지엔을 이용하여 볼 모양으로 준비하고 믹싱 볼에 샬롯을 다져 넣고 라임 즙과 타바스코를 조금 넣어 소금, 후추로 간을 맞춰 소스를 만들어준다. 소스가 준비된 믹싱 볼에 수박과 오이 볼을 넣고 올리브 오일을 넣어가며 잘 섞어서 세비체를 준비한다.

셰리 식초 젤리 중불의 소스 팬에 식초를 넣고 조금씩 끓기 시작하면 아가(한천)를 넣고 위스크로 잘 섞이도록 저은 뒤 평평한 그릇에 10mm 두께로 부어서 냉장고에 식혀준다. 완전히 굳은 젤리는 파리지엔을 이용하여 볼 모양으로 준비한다.

To serve / 담기

적당한 양의 천일염을 접시에 깔고 손질된 소라 껍데기를 움직이지 않도록 잘 고정해서 올려준다. 익혀둔 참소라는 슬라이스해서 세비체와 함께 버무려 소라 껍데기 속에 채우듯이 담아주고 미니 오이와 레드 래디시도 얇게 저며서 같이 올려준다. 우드 쏘렐과 꽃을 올려 마무리한다.

Pan-fried rockfish with savoy cabbage pancetta carbonara & langoustine bisque sauce

팬에 구운 우럭과 사보이 판체타 카르보나라 & 랑구스틴 비스큐 소스

Ingredients / 재료

300g	Rockfish(우럭)
	Flour(밀가루)
	Olive oil(올리브 오일)
	Thyme(타임)
	Butter(버터)
	Salt, Pepper(소금, 후추)

Savoy cabbage pancetta carbonara (사보이 판체타 카르보나라)

100g	Pancetta(판체타)
200g	Savoy cabbage(사보이양배추)
60g	Egg yolk(달걀 노른자)
50g	Parmesan cheese(파마산 치즈)
10g	Italian parsley(이탤리언 파슬리)

Langoustine bisque sauce
(랑구스틴 비스큐 소스, page 401)
Fresh cream(생크림)

Italian parsley flower
(이탤리언 파슬리꽃)

Method / 조리법

우럭은 깨끗하게 손질하여 포를 뜨고 껍질을 제거하여 50mm 크기로 잘라 소금, 후추로 밑간하여 밀가루를 묻혀서 준비한다. 프라이팬에 올리브 오일을 넉넉하게 두르고 손질된 우럭을 올려 한쪽 면이 익으면 뒤집어주고 버터와 타임을 넣어 아로제(Arroser)를 하며 익혀서 준비한다.

사보이 판체타 카르보나라 판체타와 사보이 배추는 얇게 채 썰어 준비하고 프라이팬에 채 썬 판체타를 넣고 약불에서 기름이 빠지도록 천천히 익혀준다. 판체타가 노릇하게 바싹 익으면 중불로 올리고 사보이 배추를 넣어 함께 볶아준다. 배추가 숨이 죽으면 불을 끄고 달걀 노른자와 이탤리언 파슬리 찹을 넣고 모든 재료가 잘 섞이도록 혼합해서 준비한다.
랑구스틴 비스큐 소스를 데워주고 또 다른 소스팬에 랑구스틴 비스큐 소스와 생크림을 반반으로 혼합한 후 데워서 준비한다.

To serve / 담기

원형 틀을 접시 위에 놓고 사보이 판체타 카르보나라를 채워 그 위에 구운 우럭을 올려준다. 랑구스틴 비스큐 소스를 우럭 위에 올려주고 주변에도 조금씩 올려준다. 생크림이 첨가된 비스큐 소스는 핸드 블렌더를 이용해서 거품이 나도록 갈아서 우럭 위에 더 올려주고 이탤리언 파슬리꽃을 놓아 마무리한다.

Pan-roasted bigeye with red pepper sauce & fried courgette blossom

구운 뿔돔과 레드페퍼 소스 & 호박꽃 튀김

Ingredients / 재료

1마리   Bigeye(뿔돔)
      Rice flour(쌀가루)
      Ghee butter(기버터)
      Salt, Pepper(소금, 후추)

Red pepper sauce(레드페퍼 소스)

200g   Red pepper(붉은 피망)
100ml   Vegetable stock(베지터블 스톡)
20ml   Red wine vinegar(레드 와인 식초)
10g   Brown sugar(브라운 슈거)
5g   Garlic(마늘)
5g   Shallot(샬롯)
      Olive oil(올리브 오일)
      Salt(소금)

Fried courgette blossom(주키니 호박꽃 튀김)

100g   Courgette blossom(주키니 호박꽃)
100g   Flour(밀가루)
100g   Sweet potato starch(고구마전분)
50ml   Olive oil(올리브 오일)
120ml   Water(물)
40g   Egg(달걀)
      Salt(소금)

      Chervil(처빌)
      Daisy(데이지)
      Swan river daisy(사계국화)
      Watercress(워터크레스)
      Lavender flower(라벤더꽃)
      Dill flower(딜꽃)

Method / 조리법

뿔돔의 비늘, 대가리와 내장을 제거하여 깨끗하게 손질하고 소금, 후추로 밑간을 한다. 밑간된 뿔돔에 쌀가루를 골고루 묻혀준다. 팬에 약간의 올리브 오일을 두르고 중불에 올린 후 기버터를 한 스푼 정도 넣고 온도가 오르면 준비된 뿔돔을 올려 익혀서 준비한다.

레드 페퍼 소스   오븐을 180도로 예열한다. 쿠킹 호일에 피망을 올리고 그 위로 레드 와인 식초와 브라운 슈거를 뿌린 후 감싸 말아서 오븐에 넣고 40분 정도 익혀준 뒤 꺼내어 식혀준다. 피망이 식으면 껍질과 씨앗을 제거하고 잘게 다져서 준비한다. 소스 팬에 약간의 올리브 오일을 두르고 약불에서 올린 후 마늘과 샬롯을 곱게 다져 넣고 노릇하게 익혀준다. 여기에 준비된 피망과 베지터블 스톡을 함께 넣고 소스형태가 될 때까지 조린 후에 소금의 간을 맞춰 준비한다.

호박꽃 튀김   주키니꽃은 꽃잎 부분을 4등분하여 준비한다. 믹싱 볼에 밀가루와 고구마전분을 체에 내려주고 올리브 오일과 함께 약간 묽은 농도가 되도록 물을 부어주며 약간의 소금과 함께 튀김 반죽을 완성한다. 튀김기의 온도를 180도로 올리고 준비된 반죽에 주키니 꽃잎을 묻혀 튀겨서 준비한다.

To serve / 담기

접시 가운데 레드 페퍼 소스를 올린 뒤 그 위에 익힌 뿔돔을 올려준다. 뿔돔 위로 튀겨진 주키니꽃을 올려주고 주위에 허브와 꽃들을 올려 마무리한다.

Grilled butterfish with herbs & oven-roasted cherry tomatoes, pomegranate cocktail

허브와 구운 병어 & 로스팅 체리토마토, 석류 칵테일

Ingredients / 재료

1마리	Butterfish(병어)
	Flour(밀가루)
	Italian parsley(이탤리언 파슬리)
	Olive oil(올리브 오일)
	Butter(버터)
	Salt, Pepper(소금, 후추)

Pomegranate cocktail(석류 칵테일)

150g	Pomegranate(석류)
20ml	Campari(캄파리)
1/2개	Lemon(레몬)
5g	Ginger(생강)
	Salt(소금)

100g	Cherry tomato(체리토마토)
	Olive oil(올리브 오일)
	Grape leaf(포도잎)
	Salt, Pepper(소금, 후추)

Method / 조리법

병어는 내장과 비늘을 깨끗하게 제거한 후 살에 칼집을 넣어 소금, 후추로 밑간하여 밀가루를 골고루 묻혀 준비한다. 프라이팬을 중불에 놓고 병어를 올려 한쪽을 먼저 노릇하게 익혀준 뒤 뒤집어서 버터와 이탤리언 파슬리를 다져 넣어 아로제(Arroser)해 주다가 브로일러에 올려 익혀서 준비한다.

석류 칵테일 녹즙기에 석류, 레몬과 생강을 넣어 즙을 내주고 캄파리와 소금을 넣어 간을 맞춘 뒤 고운 거즈에 걸러 맑은 석류 칵테일을 준비한다.

오븐을 120도로 예열하고 오븐 트레이에 체리토마토를 올려 브러시로 올리브 오일을 바른 후 소금을 뿌려 오븐에 넣고 30분 정도 익혀서 준비한다.

To serve / 담기

브로일러에서 구워진 생선이 부서지지 않도록 조심스럽게 접시에 담아주고 로스팅된 체리토마토를 같이 올려준다. 거즈에 걸러 맑게 준비된 석류 칵테일을 부어주고 포도잎을 올려 마무리한다.

산, 들, 강과 바다를 누빌 수 있는
시골 농부의 아들로 태어났다.
셰프의 인생에서
이보다 더 큰 행운은 있을 수 없다.

전라남도 영광군 저자의 농장

Pan-roasted sea bass with red wine sauce & roasted yellow carrot puree

팬에 구운 농어와 레드 와인 소스 & 구운 노란 당근 퓌레

Ingredients / 재료

300g	Sea bass(농어)
20g	Thyme(타임)
	Olive oil(올리브 오일)
	Ghee butter(기버터)
	Rice flour(쌀가루)
	Salt, Pepper(소금, 후추)

Roasted yellow carrot puree (구운 노란 당근 퓌레)

150g	Yellow carrot(노란 당근)
50g	Shallot(샬롯)
10g	Garlic(마늘)
100ml	White wine(화이트 와인)
20ml	Lemon juice(레몬주스)
	Olive oil(올리브 오일)
	Salt(소금)

Red wine sauce(레드 와인 소스)

200ml	Red wine(레드 와인)
100ml	Port wine(포트 와인)
300ml	Veal stock(빌 스톡, page 401)
100ml	Clam stock(클램 스톡, page 402)
	Thyme(타임)
	Salt(소금)

1개	Kuri squash blossom(쿠리 호박꽃)
20g	Pine mushroom(참송이버섯)
1잎	Bette(근대)
	Dill oil(딜 오일, page 77)
	Dill flower(딜꽃)
	Borage flower(보리지꽃)
	Chive flower(차이브꽃)

Method / 조리법

농어를 깨끗하게 손질해서 필렛(Fillet)한 후 껍질에 칼집을 넣어 소금, 후추로 밑간을 하고 껍질부분에 쌀가루를 묻혀 준비한다. 중불에 샬로우 프라이팬을 올려 올리브 오일과 기버터를 두르고 열이 오르면 농어의 껍질부분을 먼저 올려 3분 정도 껍질이 바싹할 때까지 익혀주고 뒤집어서 타임을 넣고 스푼으로 아로제(Arroser)를 하면서 2분 정도 더 익혀서 준비한다.

구운 노란 당근 퓌레 오븐을 180도로 예열하고 당근을 넣고 부드럽게 익을 때까지 구워준다. 당근이 익으면 꺼내서 반으로 잘라 스푼으로 속부분만 파내서 준비한다. 약불에서 소스 팬에 올리브 오일을 두르고 마늘과 샬롯을 넣고 익히다가 화이트 와인을 넣고 1/2까지 조리면서 끓여준다. 소스 팬을 불에서 내려 준비된 당근과 레몬주스를 넣고 핸드 블렌더로 고운 퓌레가 되도록 갈아주고 소금으로 간을 맞춰 준비한다.

레드 와인 소스 소스 팬을 중불에 올리고 레드 와인과 포트 와인을 부어 바닥에서 끓을 정도로까지 바짝 조려준다. 빌 스톡과 클램 스톡을 조려진 레드 와인에 함께 부어주고 약간의 타임도 넣어 1/2 정도까지 조려준다. 조려진 소스는 체에 걸러서 준비한다.

쿠리 호박꽃과 참송이버섯을 반으로 잘라 단면에 약간의 소금으로 밑간을 하고 근대는 줄기의 질긴 부분을 제거하여 준비한다. 중불에 팬을 올리고 약간의 올리브 오일을 두른 후 호박꽃, 버섯과 근대를 적당하게 구워서 준비한다.

To serve / 담기

접시 위에 당근 퓌레를 올린 후 스크레이퍼를 이용하여 펼쳐주고 그 위에 구운 농어를 올려준다. 주위로 구운 호박꽃, 참송이버섯과 근대를 올려주고 레드 와인 소스를 둘러준다. 꽃들을 올리고 딜 오일을 뿌려 마무리한다.

Pan-fried cod with habanero pepper jam & cod confit with butternut squash puree, green lentil bean puree

팬에 구운 대구와 하바네로 잼 & 대구 콩피와 땅콩호박 퓌레, 그린 렌틸콩 퓌레

Ingredients / 재료

200g	Cod(대구)
	Butter(버터)
	Salt, Pepper(소금, 후추)

Cod confit(대구 콩피)
200g	Cod(대구)
500ml	Olive oi(올리브 오일)
20g	Dill(딜)
20g	Italian parsley(이탈리언 파슬리)
20g	Chive(차이브)
5g	Garlic(마늘)
10ea	Whole peppercorns(통후추)

Habanero pepper jam(하바네로 잼)
200g	Habanero pepper(하바네로 고추)
50g	Sugar(설탕)
30ml	White wine vinegar(화이트 와인 식초)
30ml	Lime juice(라임주스)
20g	Fruit pectin(과일펙틴)

Butternut squash puree(땅콩호박 퓌레)
200g	Butternut squash(땅콩호박)
100ml	Fresh cream(생크림)
50g	Parmesan cheese(파마산 치즈)
50g	Butter(버터)
	Salt(소금)

Green lentil bean puree(그린 렌틸콩 퓌레)
200g	Green lentil bean(그린 렌틸콩)
50g	Onion(양파)
10ml	Lemon juice(레몬주스)
50ml	Olive oil(올리브 오일)
5g	Cumin(커민)
	Salt(소금)
	Wood sorrel(우드 쏘렐)
	Apple mint(애플민트)
	Mint flower(민트꽃)

Method / 조리법

대구 살은 껍질을 제거하지 않고 적당한 크기로 손질해서 팬에 구워질 대구와 콩피에 사용될 대구를 따로 구분하여 준비한다. 오븐은 70도로 예열한다.

대구 콩피 소스 팬에 올리브 오일을 넣고 약불에서 오일의 온도가 70도 정도가 되도록 준비하고 허브, 마늘과 통후추를 모두 넣어준다. 올리브 오일에 허브와 마늘 향 등이 스며들도록 준비한 후에 손질된 콩피용 대구 살을 넣고 70도의 온도로 10분 정도 익혀준다. 70도로 예열된 오븐에 다시 대구 살이 있는 소스 팬을 넣고 10분 정도 더 익혀서 준비한다.

하바네로 잼 하바네로 고추는 링 모양으로 가늘게 썰어 준비하고 소스 팬에 설탕, 식초, 라임주스를 넣고 설탕이 녹을 정도로 끓여준다. 썰어놓은 하바네로 고추를 넣고 약불에서 10분 정도 조려준다. 고추가 투명해지기 시작하면 과일펙틴을 넣어 마무리한다.

땅콩호박 퓌레 땅콩호박은 껍질과 씨를 제거하고 끓는 물에 넣어 완전히 익힌 다음 체에 밭친 채로 물기를 제거해서 마르도록 식혀둔다. 중불에서 팬에 버터를 두르고 식혀둔 땅콩호박을 넣어 버터와 함께 데워주고 생크림과 치즈도 잘 섞이도록 넣어준다. 소금으로 간을 맞추고 핸드 블렌더를 이용하여 골고루 부드럽게 갈아서 준비한다.

그린 렌틸 퓌레 소스 팬에 물을 넣고 렌틸콩과 양파를 넣어 콩이 부드럽게 익을 때까지 익혀주고 콩이 완전하게 익으면 체에 밭쳐 물기를 제거한다. 팬에 올리브 오일을 두르고 익혀둔 콩, 양파와 함께 커민과 레몬주스를 넣고 골고루 더 익혀준다. 소금으로 간을 맞춘 뒤 푸드 프로세서에 넣고 모든 재료가 골고루 부드럽게 갈리도록 하여 준비한다.

구이용 대구는 껍질부분을 페이퍼 타월에 올려 물기를 제거하고 소금, 후추로 밑간을 맞춘다. 뜨겁게 달궈진 팬에 오일을 두르고 준비된 대구의 껍질 부분을 먼저 올려주고 노릇하게 익혀지면 버터를 넣고 아로제를 하면서 익힌 뒤에 꺼내서 준비한다.

To serve / 담기

팬에 구운 대구 위에 하바네로 잼을 올리고 콩피된 대구 위에는 민트꽃과 민트 잎을 올리고 접시에 담아준다. 퓌레는 스푼으로 적당량을 접시에 올려주고 우드 쏘렐을 올려 마무리한다.

Fried frog's legs(beignets de cuisses de grenouilles) & oats salad, golden frills mustard cream sauce

개구리 다리 튀김(그르누유) & 귀리 샐러드, 골든 프릴 머스터드 크림소스

Ingredients / 재료

100g	Frog's legs(개구리 뒷다리)
200ml	Milk(우유)
	Salt, Pepper(소금, 후추)
1개	Egg(달걀)
	Flour(밀가루)
	Fine bread crumb(고운 빵가루)

Oat salad(귀리 샐러드)

100g	Oat(귀리)
20g	Red onion(적양파)
10g	Honey(꿀)
10ml	Lime juice(라임 즙)
2g	Pimento powder(피멘토 파우더)
60ml	Olive oil(올리브 오일)
	Salt, Pepper(소금, 후추)

Golden frills cream sauce (골든 프릴 크림소스)

100g	Golden frills mustard (골든 프릴 머스터드)
50g	Horseradish(호스래디시)
20g	Shallot(샬롯)
100ml	Milk(우유)
80ml	Fresh cream(생크림)
20g	Butter(버터)
	Salt(소금)

Golden frills mustard
(골든 프릴 머스터드)
Choy sum flower(채심꽃)
Peppercress flower(페퍼 크레스꽃)
Yellow rocket(옐로 로켓)
Pansy(팬지)

Method / 조리법

개구리 다리 쪽에서 허벅지 쪽으로 살을 밀어 올려 봉 모양으로 만들고 우유에 담가 2시간 정도 냉장고에 보관한 뒤 페이퍼 타월 위로 꺼내어 수분을 제거하고 소금, 후추로 밑간을 한다. 밀가루, 달걀, 빵가루 순으로 묻혀주고 180도로 예열된 튀김기에 넣어 튀겨서 준비한다.

귀리 샐러드 끓는 물에 귀리를 넣고 40분 정도 익혀 물기를 빼고 믹싱 볼에 넣는다. 적양파도 다져서 함께 넣어주고 나머지 모든 재료들을 함께 넣어 잘 섞은 후 소금, 후추로 간을 맞춰 샐러드를 준비한다.

골든 프릴 크림소스 중불의 소스 팬에 버터를 넣고 샬롯을 다져 넣고 2분 정도 익혀준다. 골든 프릴 머스터드를 넣고 같이 잘 볶아주다가 숨이 죽으면 우유, 호스래디시와 크림을 넣고 5분 정도 더 끓여주고 핸드 블렌더를 이용해서 곱게 갈아준다. 시누아를 이용해서 다른 소스 팬으로 걸러주고 소금으로 간을 맞춰 준비한다.

골든 프릴 머스터드의 녹색 잎부분만 잘라서 튀김기에 넣고 바싹하게 튀겨 준비한다.

To serve / 담기

원형 틀을 이용하여 접시 가운데 귀리 샐러드를 담아주고 가장자리 위로 튀겨진 개구리 뒷다리를 올려준다. 가운데에 바싹하게 튀겨진 골든 프릴 머스터드 잎을 놓아주고 채심꽃, 페퍼 크레스꽃, 팬지와 함께 옐로 로켓 잎을 올려준다. 소스 팬에 준비된 크림소스를 80도 정도로 데운 후에 핸드 블렌더를 이용하여 카푸치노 거품을 만들어주고 가장자리 주변으로 소스를 놓아 마무리한다.

Asiago cheese 이탈리아
Bianchetto truffle 이탈리아
Black truffle 프랑스
Buffalo Mozzarella 이탈리아
Burrata cheese 이탈리아
Cheddar cheese 영국
Comte cheese 프랑스
Foie gras 프랑스
Goat cheese 그리스
Gorgonzola 이탈리아
Gruyere cheese 스위스
Manchego cheese 스페인
Mascarpone 이탈리아
Pancetta 이탈리아
Parmigiano-Reggiano 이탈리아
Pecorino Romano Cheese 이탈리아
Porcini/Cepes 프랑스
Prosciutto 이탈리아
Saffron 프랑스

THE DAIRY
& IMPORT

Blue crab quiche with kimchi-potato aioli

꽃게 키시와 김치 포테이토 아이올리

Ingredients / 재료

Blue crab quiche(꽃게 키시)

200g	Blue crab meat(꽃게 살)
100ml	Fresh cream(생크림)
150g	Egg(달걀)
50g	Onion(양파)
80g	Swiss cheese(스위스 치즈)
20g	Chive(차이브)
20g	Marjoram(마조람)
	Salt(소금)
	Pepper(후추)
1장	Puff pastry dough (퍼프 페스트리 도우)

Kimchi-potato aioli(김치 포테이토 아이올리)

100g	Kimchi(김치)
200g	Mayonnaise(마요네즈, page 400)
100g	Potato(감자)
10g	Garlic(마늘)
20g	Onion(양파)
10g	Pine nuts(잣)
5g	Pimiento powder(피망가루)
10g	Parmesan cheese(파마산 치즈)
	Marjoram(마조람)
	Sweet dill(스위트 딜)

Method / 조리법

꽃게 키시 꽃게는 깨끗하게 손질한 후 살부분만 발라내 준비한다. 파이 팬에 퍼프 페스트리 도우를 사이즈에 맞게 잘라내 팬에 깔아주고 바닥을 포크로 구멍내어 준비한다. 반죽 위에 종이를 깔고 누름 돌을 올린 뒤 180도로 예열된 오븐에서 10분 정도 가장자리가 노릇하도록 익혀준다. 양파, 차이브와 마조람은 곱게 다진 후에 준비된 꽃게 살과 섞어준다. 믹싱 볼에 생크림, 달걀과 스위스 치즈를 넣고 소금, 후추로 간을 맞춰주고 재료가 잘 섞이도록 저어준다. 미리 익혀둔 도우에 꽃게 살과 양파를 넣고 충전물을 넣어 함께 채워준다. 180도의 오븐에서 30~40분 정도 윗부분에 색이 나도록 구워준다.

김치 포테이토 아이올리 감자는 오븐에서 구운 후 속을 파내고 식혀서 준비한다. 김치는 모든 양념을 흐르는 물에 깨끗하게 씻어 절여진 배추부분만 준비하여 블렌더에 식힌 구운 감자와 나머지 재료들을 함께 넣고 잘 섞은 뒤 곱게 갈아준다.

To serve / 담기

꽃게 키시는 적당한 크기로 잘라 올려주고 한쪽에 아이올리와 허브를 이용하여 마무리한다.

Slow cooked pork shoulder oven lasagna
천천히 익힌 돼지 목살 오븐 라자냐

Ingredients / 재료

800g	Pork shoulder(돼지 목살)
100g	Onion(양파)
100g	Carrot(당근)
50g	Celery(셀러리)
30g	Garlic(마늘)
10g	Raw sugar(흑설탕)
150ml	Red wine(레드 와인)
400ml	Chicken stock(치킨 스톡, page 401)
300g	Tomato whole(토마토 홀)
	Olive oil(올리브 오일)
	Sage(세이지)
	Italian parsley(이탤리언 파슬리)
	Salt(소금)
	Pepper(후추)

Bechamel sauce(베샤멜 소스)

100g	Butter(버터)
100g	Multipurpose flour(중력분)
700ml	Milk(우유)
	Nutmeg(너트맥)

100g	Dried lasagne(건라자냐 면)
200g	Mozzarella cheese(모차렐라 치즈)
100g	Parmesan cheese(파마산 치즈)

	Sage(세이지)
	Chervil(처빌)
	Oregano(오레가노)

Method / 조리법

오븐은 180도로 미리 예열하여 준비하고 돼지 목살은 힘줄과 큰 지방만 정리하여 큼직하게 통으로 준비한다. 로스팅 팬에 올리브 오일을 두르고 중불에서 목살 덩어리들을 시어링(Searing)한 후 오븐에 넣고 2시간 정도 로스팅한다. 양파, 당근, 마늘과 셀러리를 다져서 준비하고 세이지와 이탤리언 파슬리도 다져서 준비한다. 로스팅된 목살은 식혀서 클리버 나이프로 다져서 준비하고 목살의 육즙이 담긴 로스팅 팬은 스토브 위에 올려 중불에서 끓이다가 바닥에 붙기 시작하면 흑설탕을 넣고 설탕이 타기 전에 레드 와인으로 데글레이즈한다. 치킨 스톡도 추가해서 부어주고 1/2까지 졸이다가 시누아에 걸러 스톡을 준비한다. 중불에서 소스 팬에 올리브 오일을 두르고 다져서 준비한 채소와 허브를 넣고 볶다가 다져진 목살도 넣어준다. 데글레이즈한 스톡과 토마토 홀은 손으로 으깨서 함께 넣어주고 약불에서 스톡이 졸아들 때까지 천천히 끓여 소금, 후추로 간을 맞춰 준비한다.

베샤멜 소스 약불에서 소스 팬에 버터를 넣고 녹으면 중력분을 넣고 버터와 잘 섞이도록 천천히 볶아주다가 우유를 조금씩 나눠가며 부어주고 위스크를 사용하여 뭉치지 않고 소스의 형태가 되도록 만든다. 걸쭉하게 농도가 나오면 너트맥을 조금 넣고 마무리한다.

라자냐 면은 끓는 물에 8분 정도 익혀서 준비하고 라자냐 그릇에 베샤멜 소스, 라자냐 면, 목살 순으로 2번씩 쌓아주고 그 위에 모차렐라 치즈와 파마산 치즈를 올려 오븐에 넣고 15분 정도 익혀준다.

To serve / 담기

오븐에서 꺼낸 라자냐는 테두리 부분을 칼로 가르고 스푼을 이용해서 조심스럽게 접시 위에 담아준 후 주위에 처빌, 오레가노와 세이지를 올려 마무리한다.

Fresh fig & prosciutto salad with honey chili vinaigrette & snow goat cheese

무화과 & 프로슈토 샐러드와 허니 칠리 비네그레트 & 스노 고트 치즈

Ingredients / 재료

200g	Fig(무화과)
100g	Prosciutto(프로슈토)
100g	Little gem salad(리틀 젬 샐러드)
50g	Green mustard(청겨자)
50g	Chicory(치커리)
50g	Radicchio(라디치오)

Honey chili vinaigrette(허니 칠리 비네그레트)

30g	Crushed peppercorns(으깬 후추)
50ml	White balsamic(화이트 발사믹)
60ml	Honey(꿀)
100ml	Extra virgin olive oil (엑스트라 버진 올리브 오일)
	Salt(소금)

Snow goat cheese(스노 고트 치즈)

200g	Goat cheese(고트 치즈)
200ml	Milk(우유)
1장	Gelatin(젤라틴)
10ml	Lemon juice(레몬주스)
	Salt(소금)
	Roasted pine nuts(구운 잣)
	Crushed peppercorns(으깬 후추)

Method / 조리법

무화과는 껍질 제거 후 반으로 잘라 준비하고 샐러드 채소들은 깨끗하게 손질해서 적당한 크기로 잘라 준비한다.

허니 칠리 비네그레트 믹싱 볼에 모든 재료를 넣고 위스크를 이용해서 잘 섞어주고 소금으로 간을 맞춰 준비한다.

스노 고트 치즈 중불에 소스 팬을 올려 우유와 물을 넣고 끓기 시작하면 젤라틴과 치즈를 넣어 2분 정도 잘 저으면서 끓여준다. 블렌더에 재료들과 함께 레몬주스를 넣고 소금으로 간을 맞춰주며 크림 형태로 곱게 간 뒤 용기에 담아 냉장고에 넣어 식혀서 준비한다.

To serve / 담기

샐러드 볼에 채소와 무화과를 올리고 그 위에 적당한 양의 허니 칠리 비네그레트를 뿌려준다. 프로슈토를 한 장씩 위에 올려주고 후추도 조금 뿌려준다. 크림형태로 굳어 있는 고트 치즈를 체에 올려 스푼으로 누르면서 체에 내려 고운 눈꽃형태의 치즈를 만들어 샐러드 위에 올려서 마무리한다.

Tagliatelle in sage butter sauce & Bianchetto truffle

세이지 버터 소스와 탈리아텔레 & 비앙케토 트러플

Ingredients / 재료

150g   Pasta dough(파스타 도우, page 400)

Sage butter sauce(세이지 버터 소스)
50g   Butter(버터)
5g   Garlic(마늘)
10g   Sage(세이지)
30g   Parmigiano-reggiano
      (파르미자노 레자노)

      Bianchetto truffle(비앙케토 트러플)
      Sage(세이지)
      Extra virgin olive oil
      (엑스트라 버진 올리브 오일)

Method / 조리법

세이지 버터 소스 약불에 소스 팬을 올리고 세이지와 함께 마늘을 부셔서 넣은 후 버터가 타지 않고 세이지의 향이 배도록 3분 정도 끓여서 준비한다.

파스타 머신과 롤러를 이용하여 7mm 넓이의 탈리아텔레를 만들고 끓는 물에 약간의 소금과 올리브 오일을 넣고 5분 정도 삶은 후 건져낸다. 소스 팬에 만들어진 세이지 버터 소스와 파르미자노 레자노를 함께 넣어 잘 엉기도록 섞어서 준비한다.

To serve / 담기

탈리아텔레를 돌돌 말아서 모양을 잡아 접시에 담아주고 비앙케토 트러플을 얇게 밀어 올려준다. 세이지를 튀겨 트러플 위에 올려주고 약간의 엑스트라 버진 올리브 오일을 뿌려 마무리한다.

Burrata with summer fruit salad & tropical gazpacho

부라타 치즈와 여름 과일 샐러드 & 트로피컬 가스파초

Ingredients / 재료

100g	Burrata(부라타 치즈)
50g	Watermelon(수박)
50g	Yellow honeydew(옐로 허니듀)
50g	Apricot(살구)
30g	Wild berry(산딸기)

Tropical gazpacho(트로피컬 가스파초)

100g	Tomato(토마토)
50g	Red pimento(적피망)
20g	Red onion(적양파)
50g	Cucumber(오이)
30g	Pineapple(파인애플)
5g	Coriander(고수)
20ml	Lime juice(라임 즙)
5g	Garlic(마늘)
80ml	Litchi juice(리치주스)
	Salt(소금)

Basil pesto(바질 페스토, page 400)
Basil oil(바질 오일, page 287)
Begonia(베고니아)
Borage flower(보리지꽃)
Cherry sage flower(체리 세이지꽃)

Method / 조리법

수박과 옐로 허니듀는 파리지엔을 이용하여 둥글게 볼 모양을 만들어주고 살구는 씨를 제거하고 얇게 슬라이스한 후 부라타 치즈 위에 올려 준비한다.

트로피컬 가스파초 피망과 오이는 씨를 제거한 후 라임에 즙과 리치주스를 제외한 모든 재료와 함께 블렌더에 넣어 곱게 갈아준다. 곱게 갈리면 체에 걸러 믹싱 볼에 담아주고 라임 즙과 리치주스를 넣어 잘 섞어서 약간의 소금으로 간을 맞춘 후 냉장고에 넣어 차갑게 보관한다.

To serve / 담기

수프 볼 중앙에 약간의 바질 페스토를 놓고 그 위로 살구가 올라간 부라타 치즈를 올려준다. 볼을 파서 준비된 수박과 허니듀를 부라타 주위로 올려주고 산딸기도 함께 올린다. 베고니아, 보리지꽃과 체리 세이지꽃을 올려주고 바질 오일을 뿌려 마무리한다.

Steamed white asparagus with free-range egg bozner sauce

화이트 아스파라거스와 에그 보츠너 소스

Ingredients / 재료

3개　White asparagus
　　　(화이트 아스파라거스)
　　　Yarrow & flower(얘로 & 꽃)
　　　Wood sorrel(우드 쏘렐)

Bozner sauce(보츠너 소스)

3개　　Free-range eggs(자연 방사 유정란)
10ml　Champagne vinegar(샴페인 식초)
5g　　Dijon mustard(디종 머스터드)
5ml　Lemon juice(레몬 즙)
20ml　Chicken stock(치킨 스톡, page 401)
10ml　Extra virgin olive oil
　　　(엑스트라 버진 올리브 오일)
　　　Salt, White peppercorns(소금, 백후추)

Method / 조리법

화이트 아스파라거스 필러를 이용하여 껍질을 제거한 후 스티머(Steamer)에 넣고 5분 정도 익혀서 준비한다.

보츠너 소스 끓는 물에 달걀을 넣고 8분 정도 삶아 노른자까지 완전히 익힌 뒤 찬물에 식혀준다. 달걀의 노른자와 흰자를 따로 분리하여 둘 다 고운체에 눌러 내려서 준비한다. 믹싱 볼에 체에 내린 노른자를 넣어 준비하고 소스 팬에 치킨 스톡, 디종 머스터드와 샴페인 식초를 넣고 한번 끓여 노른자에 조금씩 부어가며 크림처럼 부드럽게 되도록 위스크로 잘 섞어준다. 냄비에 물을 담아 끓인 후에 그 위로 믹싱 볼을 올리고 위스크로 저어가며 올리브 오일을 먼저 조금 넣어 섞어주고 그 후에 레몬 즙도 넣어 섞어준다. 소금과 백후 추로 간을 맞추고 소스를 완성한 후 파이핑백에 담아 준비한다.

To serve / 담기

에그 셸 커터(Egg shell cutter)를 이용하여 달걀 껍질에 구멍을 만들어주고 파이핑백에 담긴 소스를 적당 히 채워준다. 동냄비 그릇에 얘로, 우드 쏘렐과 꽃을 수북하게 채워주고 보츠너 소스가 담긴 달걀 껍질과 화이트 아스파라거스를 담아 마무리한다.

Roasted baby beetroot salad with creamy goat cheese sauce & poached egg

구운 베이비 비트 샐러드와 고트치즈 크림소스 & 반숙 달걀

Ingredients / 재료

200g   Baby beetroot(베이비 비트)
30ml   Balsamic vinegar(발사믹 식초)
         Olive oil(올리브 오일)
         Salt(소금)

**Creamy goat cheese sauce
(고트치즈 크림소스)**
200g   Goat cheese(고트치즈)
100ml Heavy cream(헤비크림)
         Salt(소금)

1개   Egg(달걀)
         Salt(소금)
         White vinegar(화이트 식초)

         Oregano(오레가노)
         Coriander flower(고수꽃)

Method / 조리법

오븐은 200도로 예열하고 베이비 비트는 뿌리와 잎부분을 깨끗하게 손질하고 체에 받쳐 물기를 제거한다. 소테 팬에 올리브 오일을 두르고 중불에 손질된 비트를 넣고 잎부분이 숨이 죽을 정도로 익히고 발사믹 식초와 적당량의 소금을 넣어 골고루 섞어가며 1분 정도 익혀서 예열된 오븐에 넣고 30분 정도 익힌 뒤 꺼내서 밖에 둔다.

고트치즈 크림소스 소스 팬에 헤비크림을 넣고 약불에서 끓기 시작하면 고트치즈를 넣고 골고루 섞이도록 위스크를 이용하여 저으면서 천천히 끓여주고 적당량의 소금을 넣어준다. 어느 정도 농도가 나오면 불에서 내려 고운체에 걸러 따뜻하게 준비한다.

끓는 물에 소금과 식초를 적당량 넣고 달걀을 넣고 6분 정도 익혀준 후 꺼내서 찬물에 넣어 껍질을 제거하여 준비한다.

To serve / 담기

접시에 오븐에서 익힌 베이비 루트를 담아주고 반숙으로 삶아진 달걀을 조심스럽게 잘라 올려준다. 준비된 고트치즈 크림소스를 적당하게 올려주고 고수꽃과 오레가노 잎으로 마무리한다.

하나의 작품은
단순한 재료에서 시작하지만
셰프의 상상력으로 인하여
완성된다.

Stuffed free-range French scrambled egg with mushroom cream & caviar

방사 유정란으로 만든 프렌치 스크램블드에그와 버섯크림 & 캐비아

Ingredients / 재료

Scrambled egg(스크램블드에그)

2개	Free-range egg(방사 유정란)
20g	Butter(버터)
30g	Fresh cream(생크림)
	Truffle oil(트러플 오일)
	Salt, Pepper(소금, 후추)

Button mushroom cream(양송이 크림)

300g	Button mushroom(양송이버섯)
50g	Onion(양파)
30g	Garlic(마늘)
30g	Celery(셀러리)
300ml	Chicken stock(치킨 스톡, page 401)
100ml	Fresh cream(생크림)
5g	Thyme(타임)
	Flour(밀가루)
	Olive oil(올리브 오일)
	Salt, Pepper(소금, 후추)
10g	Caviar(캐비아)
	Baby basil(미니 바질)
	Chervil(처빌)
	Dill(딜)
	Rosemary(로즈메리)
	Cresson(크레송)
	Pansy(팬지)
	China pink flower(패랭이꽃)
	Pink salt(핑크 솔트)

Method / 조리법

프렌치 스크램블드에그 달걀은 에그커터를 이용하여 윗부분을 도려낸 뒤 내용물을 꺼내고 껍데기는 깨끗하게 씻어서 준비한다. 약불에 프라이팬을 올리고 달걀과 버터, 크림을 모두 넣고 위스크를 빠르게 돌려 천천히 부드럽게 익힌 후 약간의 트러플 오일과 함께 소금, 후추로 간을 맞춰 준비한다.

양송이 크림 소스 팬을 중불에 올려 약간의 올리브 오일을 부르고 양파와 마늘을 캐러멜라이징하며 익힌다. 어느 정도 색이 나면서 익으면 밀가루를 약간만 넣어주고 1분 정도 볶다가 양송이와 셀러리를 다져서 넣어준다. 양송이가 숨이 죽으면서 끓기 시작하면 치킨 스톡을 부어주고 타임도 함께 넣어 15분 정도 더 끓여준다. 크림을 추가하고 10분 정도 더 끓인 후에 핸드 블렌더를 이용하여 곱게 갈면서 소금, 후추로 간을 맞추고 체에 걸러 준비한다.

To serve / 담기

볼 접시에 핑크 솔트를 깔아 준비하고 손질된 달걀 껍데기에 스크램블드에그를 2/3까지 채워주고 그 위로 양송이 크림을 올려 채워준다. 핑크 소금이 깔린 접시 위에 속을 채운 달걀을 올려주고 그 위로 캐비아와 처빌을 올려준다. 달걀 주변으로 허브와 식용 꽃을 올려 마무리한다.

Potato gnocchi with blue cheese sauce & ricotta cream

감자 뇨키와 블루치즈 소스 & 리코타 크림

Ingredients / 재료

Gnocchi(뇨키)
400g　Russet potato(러셋감자)
150g　Flour(밀가루)
1개　Egg(달걀)
　　　Salt(소금)

Blue cheese sauce
(블루치즈 소스)
100g　Blue cheese(블루치즈)
100ml　Cream(크림)
30g　Butter(버터)
50ml　Sour cream(사워크림)
20ml　Lemon juice(레몬 즙)
　　　Salt, Pepper(소금, 후추)

Ricotta cream(리코타 크림)
200g　Ricotta cheese(리코타 치즈, page 400)
80ml　Milk(우유)
10ml　Lemon juice(레몬 즙)
50g　Butter(버터)
　　　Salt(소금)

　　　Carrot puree(당근 퓌레)
　　　(page 감성돔)
　　　Basil oil(바질 오일, page 287)
　　　Baby basil(미니 바질)
　　　Frisee(프리세)
　　　Yellow chicory(옐로 치커리)

Method / 조리법

뇨키　오븐을 180도로 예열하고 감자에 소금을 뿌리고 쿠킹 호일에 싸서 오븐에 넣고 40분 정도 익혀준다.　감자가 완전히 익으면 스푼으로 속을 파내 포테이토 라이서에 내린 후 믹싱 볼에 넣고 밀가루와 달걀을 함께 넣어 조심스럽게 섞어주면서 반죽을 만든다. 한 주먹 크기로 반죽을 분리해서 20mm 두께의 소시지 모양으로 굴리면서 밀어주고 20mm 길이로 잘라준다. 반죽을 동그랗게 굴려주고 포크 위에 올려 밀어서 모양을 잡고 트레이에 놓아 냉장고에서 식혀준다. 식힌 뇨키를 끓는 물에 넣고 위로 뜨기 시작하면 1~2분 정도 더 익혀서 준비한다.

블루치즈 소스　소스 팬에 크림, 사워크림과 블루치즈를 넣고 섞이도록 데워주고 불에서 내려 버터와 레몬즙을 넣고 핸드 블렌더로 갈아준 뒤 소금, 후추로 간을 맞춰 준비한다.

리코타 크림　소스 팬에 우유와 버터를 넣어 버터가 녹을 정도만 데워준다. 블렌더에 리코타 치즈, 레몬즙과 함께 데운 우유를 넣어 부드럽게 갈아주고 소금으로 간을 맞춰 준비한다.

To serve / 담기

접시에 블루치즈 소스를 동그랗게 올려주고 익힌 뇨키를 놓는다. 파이핑백에 리코타 크림과 당근 퓌레를 넣어 짜서 올려준다. 미니 바질, 프리세와 옐로 치커리를 뇨키 주변으로 놓아주고 바질 오일을 뿌려 마무리한다.

Pan-seared beetroot gnudi with mushroom veloute & roasted beetroot

구운 비트 누디와 버섯 벨루테 & 구운 비트

Ingredients / 재료

Gnudi(누디)

200g	Ricotta cheese(리코타 치즈, page 400)
60g	Asiago cheese(아시아고 치즈)
60g	Pecorino romano cheese (페코리노 로마노 치즈)
2개	Egg yolk(달걀 노른자)
30g	Potato starch(감자전분)
50g	Semolina(세몰리나)
20ml	Beetroot juice(비트 즙)
	Nutmeg(너트맥)
	Salt(소금)
	Butter(버터)
	Sage(세이지)

Mushroom veloute(버섯 벨루테)

200g	Bottom mushroom(양송이버섯)
200g	Shiitake(표고버섯)
100ml	Cicken stock(치킨 스톡, page 401)
100ml	Fresh cream(생크림)
100g	Parmesan cheese(파마산 치즈)
50g	Butter(버터)
60g	Shallot(샬롯)
30g	Garlic(마늘)
20g	Flour(밀가루)
	Salt, Pepper(소금, 후추)
	Beetroot(비트)
	Red wine vinegar(레드 와인 식초)
	Salt(소금)
	Bottom mushroom(양송이버섯)
	Basil oil(바질 오일, page 287)
	Baby basil(미니 바질)

Method / 조리법

누디 거즈에 리코타 치즈를 감싸서 체 위에 올리고 무거운 물건을 거즈 위에 올려서 하루 정도 냉장고에 넣고 물기를 최대한 제거해서 준비한다. 아시아고와 페코리노 로마노 치즈는 그레이터를 이용하여 곱게 갈아 준비한다.

반죽기에 물기를 제거한 리코타와 함께 모든 재료를 넣어 잘 섞어주고 약간의 너트맥과 소금으로 간을 맞춰 누디 반죽을 만든다. 반죽을 20mm 크기로 잘라주고 칼로 눌러 격자무늬를 만들어준다.

끓는 물에 누디를 넣고 익혀주면서 반죽이 위로 뜨기 시작하면 건져낸 후 페이퍼 타월 위에 올려 물기를 제거한다. 중불에 프라이팬을 올리고 버터를 두른 후 약간의 세이지와 함께 녹이다가 익힌 누디를 넣고 시어링(Searing)하여 준비한다.

버섯 벨루테 버섯들을 잘게 다져 준비하고 중불에 소스 팬을 올려 버터를 두른 후 샬롯과 마늘을 다져 서 넣고 약불로 줄인 뒤 3분 정도 익혀준다. 샬롯과 마늘이 적당히 익으면 밀가루를 넣고 볶아주다가 양송이와 표고버섯을 넣고 5분 정도 같이 익혀준다. 치킨 스톡과 크림을 추가하고 10분 정도 더 끓이다가 파마산 치즈를 추가한 후에 핸드 블렌더로 곱게 갈아주고 소금, 후추로 간을 맞춰 준비한다.

오븐을 190도로 예열하고 비트에 레드 와인 식초와 소금을 뿌리고 쿠킹 호일에 감싸서 오븐에 1시간 이상 넣어 완전히 익혀준다.

익힌 비트는 두께 10mm와 지름 20mm 크기의 원형 틀로 찍어 모양을 잡고 믹싱 볼에 넣어 레드 와인 식초, 약간의 설탕과 함께 소금으로 간을 맞춰 준비한다.

양송이버섯은 두껍게 슬라이스한 후 프라이팬에서 소테하여 준비한다.

To serve / 담기

접시에 버섯 벨루테를 둥글게 담아주고 구운 비트와 비트 누디를 올려준다. 소테한 양송이버섯과 미니 바질을 올려주고 전체적으로 바질 오일을 뿌려 마무리한다.

Raw trout and lemon mascarpone terrine & cucumber white mint juice

송어와 레몬 마스카르포네 테린 & 오이 화이트 민트 주스

Ingredients / 재료

Terrine(테린)
100g	Trout(송어)
200g	Mascarpone(마스카르포네 치즈)
10g	Lemon zest(레몬 제스트)
30ml	White balsamic reduction (화이트 발사믹 리덕션, page 400)
	Salt(소금)

Cucumber white mint juice (오이 화이트 민트 주스)
100g	Cucumber(오이)
20g	White mint(화이트 민트)
30g	Celery(셀러리)
50g	Apple(사과)
15ml	Champagne vinegar(샴페인 식초)
	Salt(소금)

Dill(딜)
White mint(화이트 민트)
Pelargonium(펠라고늄)

Method / 조리법

테린 송어는 15mm 두께로 길게 썰어서 소금 간을 하여 준비한다. 믹싱 볼에 마스카르포네 치즈와 레몬 제스트를 넣고 핸드 블렌더를 이용하여 부드럽게 섞어준다. 소금이 뿌려진 송어는 페이퍼 타월을 이용하여 수분을 제거하고 화이트 발사믹 리덕션을 발라준다. 플라스틱 랩을 바닥에 깔고 마스카르포네 치즈를 펼쳐 발라주고 그 위로 송어 살을 올린 후 돌돌 말아 원형으로 만들어 냉장고에 넣어 하루 정도 굳혀서 준비한다.

오이 화이트 민트 주스 블렌더에 모든 재료를 넣어 곱게 갈아주고 시누아에 거른 후 소금으로 간을 맞춰 준비한다.

To serve / 담기

테린을 적당한 크기로 잘라 접시 중앙에 놓고 오이 화이트 민트 주스를 주위에 부어준다. 화이트 민트와 펠라고늄을 주스 위에 올려주고 딜을 테린에 놓아 마무리한다.

Artichoke 포항

Barley 군산

Broccoli/Cauliflower 익산

Brussels sprouts 강진

Chestnut 공주

Garlic 단양

Green beans 여주

Jalapeño/Cayenne pepper 양평

Jerusalem artichoke 순창

Lion's mane mushroom 여수

Onion 무안

Potato 제주

Red kuri squash 경기 광주

Super sweet corn 홍천

Tomato 화천

White asparagus 화천

White Bean 경기 광주

Wild green 화순

Yuja 고흥

White asparagus with truffle butter & Truffle sabayon, black truffle

트러플 버터에 익힌 화이트 아스파라거스 & 트러플 사바용, 블랙 트러플

Ingredients / 재료

150g	White asparagus (화이트 아스파라거스)
80g	Butter(버터)
10g	Sage(세이지)
2g	Black truffle(블랙 트러플)
	Salt(소금)

Truffle sabayon(트러플 사바용)

2개	Egg yolk(달걀 노른자)
100ml	Chardonnay(샤르도네)
30ml	Fresh cream(생크림)
5ml	Truffle oil(트러플 오일)
	Truffle salt(트러플 소금)
5g	Sliced black truffle (블랙 트러플 슬라이스)

Method / 조리법

아스파라거스는 뿌리 부분을 잘라내고 필러를 이용하여 껍질을 얇게 제거한다. 스티머에 물을 넣고 끓으면 아스파라거스를 넣어 5분 정도 익힌 뒤 꺼내고 약불에 프라이팬을 올려 버터를 넣고 세이지와 블랙 트러플을 곱게 다져서 버터와 함께 녹인다. 약불에서 버터가 끓기 시작하면 불을 끄고 익힌 아스파라거스를 넣어 같이 잘 섞어주고 소금으로 간을 맞춰 준비한다.

트러플 사바용 소스 팬에 물을 1/3 정도 넣고 중불에서 끓여 준비한다. 믹싱 볼에 달걀 노른자를 넣어 물이 끓는 소스 팬 위에 올리고 샤르도네를 조금씩 부어 위스크로 저으면서 부드러운 거품이 되도록 사바용을 만들어준다. 거품이 부드러워지면 크림과 트러플 오일을 넣고 잘 섞은 뒤 트러플 소금으로 간을 맞춰 준비한다.

To serve / 담기

접시 위에 트러플 사바용을 올리고 그 위에 화이트 아스파라거스를 버터에서 건져 올려준다. 얇게 저민 블랙 트러플을 올려 마무리한다.

Roasted Brussels sprouts with balsamic vinegar & lemon aioli

발사믹 비니거 로스티드 브뤼셀 스프라우트 & 레몬 아이올리

Ingredients / 재료

1줄기   Brussels sprouts(브뤼셀 스프라우트)
100ml Balsamic vinegar(발사믹 식초)
1개   Lemon(레몬)
        Salt(소금)

Lemon aioli(레몬 아이올리)

20ml   Lemon juice(레몬 즙)
5g   Lemon zest(레몬 제스트)
10g   Garlic(마늘)
150g   Mayonnaise(마요네즈, page 400)
       Salt, Pepper(소금, 후추)

       Gruyere cheese(그뤼에르 치즈)
       Balsamic reduction
       (발사믹 리덕션, page 400)

Method / 조리법

오븐은 190도로 예열하여 준비하고 브뤼셀 스프라우트 줄기는 윗부분의 싹은 남기고 아래쪽 큰 줄기잎은 제거한다. 싹을 포함해 접시에 올라갈 수 있는 크기로 잘라주고 아래쪽에 있는 브뤼셀 스프라우트는 모두 따서 오븐 트레이에 줄기와 함께 올려준다. 브러시를 이용하여 발사믹 식초를 골고루 발라주고 오븐에 넣어 5분 정도 익혀준다. 5분 후에 한번 더 발사믹 식초를 바른 후 그레이터를 이용하여 레몬껍질을 갈아 올리고 소금을 뿌려 10분 정도 더 익혀서 준비한다.

레몬 아이올리 마늘을 곱게 다지고 모든 재료와 함께 믹싱 볼에 넣어 위스크로 잘 섞어주고 소금, 후추로 간을 맞춰 아이올리를 완성한다.

To serve / 담기

구워진 브뤼셀 스프라우트와 줄기를 접시에 올리고 옆으로 레몬 아이올리를 놓아준다. 발사믹 리덕션을 중간중간에 올려주고 그뤼에르를 그레이터에 갈아서 위쪽에 살짝 뿌려 마무리한다.

Cob salad with wild green & herbs with apple cider vinaigrette

자연 농법 채소와 허브 콥 샐러드 & 애플 사이더 비네그레트

Ingredients / 재료

200g	Chicken breast(닭 가슴살)
5개	Quail's egg(메추리알)
	Cherry tomatoes(체리토마토)
	Super sweet corn(초당옥수수)
	Black olives(블랙 올리브)
	Olive oil(올리브 오일)
	Salt, Pepper(소금, 후추)

Wild green & herb
(자연농법 채소 & 허브)

Peppercress(페퍼 크레스)
Golden frills mustard(골든 프릴 겨자)
Curly kale(곱슬 케일)
Choy sum(채심)
Green radicchio(그린 라디치오)
Sierra lettuce(시에라 양상추)
Verona chicory(베로나 치커리)
Gai choi(가이 초이)
Tardivo radicchio(타르디보 라디치오)
Castel franco lettuce
(카스텔 프랑코 양상추)

Apple cider vinaigrette
(애플 사이더 비네그레트)

50ml	Apple cider vinegar
	(애플 사이더 식초)
20ml	Lemon juice(레몬 즙)
30g	Honey(꿀)
100ml	Extra virgin olive oil
	(엑스트라 버진 올리브 오일)
	Salt, Pepper(소금, 후추)

Bacon mayonnaise(베이컨 마요네즈)

100g	Bacon(베이컨)
200g	Mayonnaise(마요네즈, page 400)
10ml	Lemon juice(레몬 즙)

Method / 조리법

닭 가슴살은 소금, 후추 밑간하여 프라이팬에 올리브 오일을 두르고 익혀서 준비하고 메추리알과 초당옥수수는 끓는 물에 익혀주고 적당한 크기로 잘라 준비한다. 체리토마토는 끓는 물에 데쳐 껍질을 제거하고 블랙 올리브는 반으로 잘라 준비한다.

애플 사이더 비네그레트 믹싱 볼에 모든 재료를 넣고 위스크를 이용하여 잘 섞어준 후 소금, 후추로 간을 맞춰 준비한다.

베이컨 마요네즈 베이컨을 작게 썰어 프라이팬에 놓고 중불에서 바싹하게 익혀 페이퍼 타월 위에 올려 기름을 제거한다. 블렌더에 마요네즈와 레몬 즙을 익힌 베이컨과 함께 넣고 부드럽게 갈아 준비한다.

자연농법 채소와 허브들은 깨끗하게 손질하고 적당한 크기로 잘라 준비한다.

To serve / 담기

접시 위에 베이컨 마요네즈와 닭 가슴살, 옥수수와 체리토마토를 올리고 주위에 손질된 자연농법 채소와 허브들을 올려준다. 애플 사이더 비네그레트를 뿌려주고 레드 래디시와 팬지를 올려 마무리한다.

Grape tomato & Buffalo mozzarella cream caprese salad

색깔 방울토마토 & 버펄로 모차렐라 치즈크림 카프레제 샐러드

Ingredients / 재료

10개   Grape tomatoes(색깔 방울토마토)

**Buffalo mozzarella cream
(버펄로 모차렐라 크림)**
125g   Buffalo mozzarella(버펄로 모차렐라)
50ml   Fresh cream(생크림)
30ml   Olive oil(올리브 오일)
           Salt(소금)

Basil pesto(바질 페스토)
200g   Basil(바질)
20g   Garlic(마늘)
50g   Italian parsley(이탤리언 파슬리)
100ml   Extra virgin olive oil
           (엑스트라 버진 올리브 오일)
100g   Pecorino cheese(페코리노 치즈)
50g   Roasted pine nuts(구운 잣)

           Balsamic reduction
           (발사믹 리덕션, page 400)
           White balsamic reduction
           (화이트 발사믹 리덕션, page 400)
           Currant cream(커런트 크림, page 93)
           Basil sprout(바질 싹)

Method / 조리법

버펄로 모차렐라 크림 모차렐라 치즈는 5mm 크기로 잘라 페이퍼 타월을 사용하여 물기를 최대한 제거하고 블렌더에 생크림을 넣고 잘라놓은 치즈 조각을 조금씩 넣어가면서 크림과 잘 섞이도록 천천히 갈아준다. 크림화된 치즈에 올리브 오일을 조금씩 부어가며 농도를 맞춰주고 소금으로 간을 맞춘다.

바질 페스토 블렌더에 올리브 오일을 제외한 모든 재료를 넣고 잘 섞이도록 갈아준다. 어느 정도 재료들이 섞이면 올리브 오일을 조금씩 부어가며 잘 섞이도록 갈아준다.

냄비에 물을 올리고 끓으면 가볍게 칼집을 넣은 방울토마토를 넣고 5초 동안 살짝 넣었다가 얼음물에 넣어 식혀서 껍질을 벗기고 물기를 제거한다.

To serve / 담기

접시에 색깔별로 방울토마토를 담고 짤주머니로 모차렐라 치즈를 방울토마토 사이사이에 짜주며 채워주고 바질 페스토도 올려준다. 커런트 크림과 발사믹 리덕션을 주위에 올려주고 바질 싹과 허브꽃으로 마무리한다.

Grilled little gem salad with nut tomato salsa

구운 리틀 젬 샐러드와 너트 토마토 살사

Ingredients / 재료

1포기   Little gem salad(리틀 젬 샐러드)

Nut tomato salsa(너트 토마토 살사)
100g   Tomato(토마토)
50g   Fresh almond(생아몬드)
50g   Walnut(호두)
50g   Red onion(적양파)
20ml   Lime juice(라임 즙)
20g   Coriander(고수)
20g   Green pepper(청고추)
   Salt(소금)
   Pepper(후추)

Maple lemon vinaigrette (메이플 레몬 비네그네트)
200ml   Lemon juice(레몬 즙)
50ml   Maple syrup(메이플 시럽)
200ml   Olive oil(올리브 오일)
20g   Dijon mustard(디종 머스터드)
   Salt(소금)

   Comté cheese(꽁테치즈)
   Gorgonzola(고르곤졸라)

Method / 조리법

너트 토마토 살사 토마토는 콩카세(Concasser)로 준비하고 아몬드와 호두는 껍집을 모두 제거하여 준비한다. 적양파와 청고추, 고수를 다져 믹싱 볼에 담아주고 토마토와 함께 준비된 아몬드와 호두도 넣어준다. 라임 즙을 첨가하여 잘 버무려주고 소금, 후추로 간을 하여 준비한다.

메이플 레몬 비네그네트 믹싱 볼에 모든 재료를 넣고 잘 섞이도록 위스크로 저어주고 소금으로 간을 하여 준비한다.

리틀 젬은 반으로 잘라 스토브에 올려 구워서 준비한다.

To serve / 담기

원형 틀을 이용하여 살사를 접시 위에 올려주고 그 위에 그릴에 구운 리틀 젬 샐러드를 올려준다. 메이플 레몬 비네그네트를 샐러드 위와 접시 주변에 뿌려주고 치즈 스크레이퍼를 이용하여 꽁테치즈를 얇게 저며서 올리고 고르곤졸라도 적당히 올려 마무리한다.

Baked cauliflower & broccoli with blackberry jam & cauliflower cream

구운 콜리플라워 & 브로콜리와 블랙베리 잼 & 콜리플라워 크림

Ingredients / 재료

150g	Broccoli(브로콜리)
150g	Cauliflower(콜리플라워)
	Olive oil(올리브 오일)
	Salt(소금)

Blackberry jam(블랙베리 잼)

100g	Blackberry(블랙베리)
50g	Sugar(설탕)
30ml	Water(물)
30ml	Lemon juice(레몬 즙)
5g	Butter(버터)

Cauliflower cream(콜리플라워 크림)

150g	Cauliflower(콜리플라워)
100ml	Milk(우유)
80g	Sour cream(사워크림)
20ml	Lemon juice(레몬 즙)
	Salt(소금)

Blackberry(블랙베리)
Cauliflower & broccoli leaves
(콜리플라워 & 브로콜리 잎)

Method / 조리법

오븐은 180도로 예열하고 브로콜리와 콜리플라워는 통으로 잎만 제거하고 손질한다. 오븐 트레이에 올려서 올리브 오일이 전체에 골고루 묻도록 바르고 소금을 뿌린 뒤 오븐에 넣어 겉이 노릇하도록 20분 동안 익혀서 준비한다.

블랙베리 잼 약불에 소스 팬을 올려 블랙베리와 설탕을 넣고 설탕이 녹으면서 블랙베리가 익기 시작하면 물과 레몬 즙을 넣고 농도가 진해질 때까지 약불에서 20분 정도 끓인 뒤 완전히 식혀준다. 식혀둔 소스 팬의 잼을 약불에서 한번 더 끓여주고 버터를 추가해서 걸쭉한 잼의 농도가 나올 때까지 조려서 준비한다.

콜리플라워 크림 콜리플라워를 잘게 잘라 우유와 함께 냄비에 넣고 푹 익을 때까지 끓여서 블렌더에 넣고 곱게 갈아 식혀준다. 식힌 콜리플라워에 사워크림과 레몬 즙을 함께 넣어 잘 섞어주고 소금으로 간을 맞춰서 준비한다.

To serve / 담기

접시 한쪽에 콜리플라워 크림을 올려 담고 그 주위로 동그랗게 익혀 준비한 브로콜리와 콜리플라워를 올려준다. 블랙베리 잼과 블랙베리를 올려주며 콜리플라워 크림을 접시 주변에 더 뿌리고 잎을 올려 마무리한다.

Crispy hasselback potatoes with bacon aioli

하셀백 포테이토와 베이컨 아이올리

Ingredients / 재료

3개   Medium Potatoes(감자)
15g   Salt(소금)
15g   Sugar(설탕)
           Butter(버터)
           Thyme(타임)

Bacon aioli(베이컨 아이올리)

100g   Salted bacon(염지 베이컨)
200g   Mayonnaise(마요네즈, page 400)
15g   Garlic(마늘)
5g   Lemon zest(레몬 제스트)
5g   Basil(바질)
           Paprika seasoning(파프리카 시즈닝)

           Maldon salt(맬든 소금)

Method / 조리법

감자는 껍질을 깨끗하게 손질하고 밑동부분이 완전히 잘리지 않을 정도로 2mm 두께로 얇게 저며준다. 물 1리터에 소금 15g과 설탕 15g을 넣고 잘 섞어 브라인(Brine)을 만들고 손질된 감자를 넣어 1시간 정도 염지하여 준비한다. 감자를 꺼낸 후 페이퍼 타월에 올려 2시간 정도 냉장고에 넣고 물기를 제거한 후 골고루 버터를 발라준다. 오븐을 200도로 예열한 후 준비된 감자를 오븐 트레이에 올리고 그 위에 약간의 타임과 올리브 오일을 부려 오븐에 넣고 45분 정도 익혀서 준비한다.

베이컨 아이올리   베이컨을 5mm 크기로 자른 후 약불에 프라이팬을 올려 베이컨을 10분 정도 서서히 익혀준다. 기름이 빠지면서 바싹하게 익으면 기름을 빼고 식혀준다. 프라이팬에 약간의 기름을 넣고 약불에서 바질을 바싹하게 튀겨준다. 감자 위에 올릴 약간의 베이컨과 바질을 남긴 후 블렌더에 넣고 마요네즈, 마늘, 레몬 제스트와 약간의 파프리카 시즈닝을 함께 넣고 곱게 갈아 아이올리를 준비한다.

To serve / 담기

구워진 감자를 나무 접시에 놓고 적당량의 베이컨 아이올리를 감자 위에 올려준다. 튀긴 바질과 구운 베이컨을 올려주고 약간의 딜과 맬든 소금을 올려 마무리한다.

저자의 옥상농장

Roasted jalapeño & cayenne pepper with white bean hummus

구운 할라페뇨 & 카엔페퍼와 화이트 빈 후무스

Ingredients / 재료

100g	Jalapeño(할라페뇨 고추)
100g	Cayenne pepper(카엔페퍼)
50g	Bacon(베이컨)
	Olive oil(올리브 오일)

White bean hummus(화이트 빈 후무스)

300g	White bean(흰 강낭콩)
30g	Garlic(마늘)
50ml	Lemon juice(레몬 즙)
5g	Tahini(타히니 페이스트)
10g	Salt(소금)

	Basil Pesto(바질 페스토, page 400)
	Lemon(레몬)
	Baby basil(미니 바질)

Method / 조리법

220도로 오븐을 예열하고 약불에 소테 팬을 올려 올리브 오일을 두르고 베이컨을 10mm 크기로 잘라 천천히 익혀준다. 베이컨의 기름이 나오기 시작하면 할라페뇨를 넣어 뒤집어주며 익히다가 예열된 오븐에 넣고 10분간 더 익혀준다. 중간에 1~2번씩 베이컨에서 나온 기름을 스푼으로 할라페뇨에 끼얹어준다.

화이트 빈 후무스 흰 강낭콩은 만들기 하루 전 찬물에 담가놓고 충분하게 불려준다. 불려진 강낭콩은 같은 양의 물과 함께 끓여서 부드럽게 익을 때까지 충분히 익혀준다. 체에 밭쳐 강낭콩의 물기를 빼주고 완전히 식힌 다음 푸드 프로세서에 나머지 재료들과 함께 넣어서 부드러운 상태가 될 때까지 충분히 갈아준다. 보관용기에 담아 냉장고에 보관한다.

To serve / 담기

나무접시 위에 원형 스쿱을 이용하여 차갑게 보관된 화이트 빈 후무스와 레몬을 올려주고 주위에 오븐에서 꺼낸 할라페뇨와 베이컨을 올려준다. 적당량의 바질 페스토와 미니 바질잎으로 마무리한다.

Oven-roasted artichoke with Caesar dip

오븐에 구운 아티초크와 시저 딥

Ingredients / 재료

3개   Artichoke(아티초크)
1개   Lemon(레몬)
      Salt(소금)

Caesar dip(시저 딥)

5g   Dijon mustard(디종 머스터드)
10ml   White wine vinegar
       (화이트 와인 식초)
5g   Anchovy(앤초비)
70g   Egg yolk(달걀 노른자)
100ml Olive oil(올리브 오일)
50g   Sour cream(사워크림)
30g   Parmesan cheese(파마산 치즈)
10ml   Lemon juice(레몬 즙)
       Pepper(후추)

       Lime leaves(라임 잎)

Method / 조리법

아티초크를 깨끗하게 씻은 후 반으로 가르고 가운데 꽃심을 제거한다. 레몬을 반으로 잘라 아티초크의 단면에 즙을 짜면서 문질러주고 약간의 소금을 뿌려 밑간을 한다. 오븐을 180도로 예열하고 아이언 팬을 중불에 올린 후 열이 오르면 올리브 오일을 두르고 아티초크의 단면을 바닥으로 올려 1분 정도 익힌 후 오븐에 넣고 20분 정도 구워서 준비한다.

시저 딥 푸드 프로세서에 디종 머스터드, 화이트 와인 식초, 앤초비와 달걀 노른자를 넣고 크림상태가 될 때까지 돌려준다. 올리브 오일을 조금씩 부어주면서 돌려 서로 잘 섞이도록 하여 마요네즈 상태를 만들어준다. 사워크림과 파마산 치즈를 넣어 잘 섞어주고 레몬 즙과 약간의 후추를 추가하여 딥 소스를 만들어준다.

To serve / 담기

접시에 라임잎을 깔아주고 그 위에 구워진 아티초크를 올린다. 아티초크 한 개는 속을 파내고 시저딥 소스로 속을 채워 넣은 후 접시에 함께 올려서 마무리한다.

Baked artichokes stuffed with blue cheese & lemon thyme

블루치즈를 채워 레몬 타임과 구워낸 아티초크

Ingredients / 재료

Stuffed artichoke(스터프트 아티초크)
3개	Artichoke(아티초크)
100g	Blue cheese(블루치즈)
50g	Ricotta cheese(리코타 치즈)
30g	Almond powder(아몬드가루)
1개	Lemon(레몬)
	Salt(소금)
200g	Lemon thyme & flower (레몬 타임 & 꽃)

Method / 조리법

스터프트 아티초크 오븐을 200도로 예열하여 준비한다. 페어링 나이프(Paring knife)를 이용하여 아티초크의 겉잎과 줄기를 둥글게 다듬어주고 속의 꽃대도 파내준다. 레몬을 슬라이스하여 아티초크의 위쪽 단면에 올리고 끈으로 묶어 고정한 후 끓는 물에 약간의 소금과 함께 넣고 5분 정도 데쳐서 준비한다. 데친 후에 레몬을 제거하고 물기를 말려 준비한다. 블렌더에 블루치즈, 리코타 치즈와 아몬드 가루를 넣어 잘 혼합하여 주고 물기가 제거된 아티초크 속에 채워 넣는다. 아티초크에 향이 배도록 오븐 트레이에 레몬 타임을 넉넉하게 올리고 아티초크의 속이 채워진 단면이 위를 향하도록 고정하여 놓은 후 예열된 오븐에 넣고 20분 정도 익혀 완성한다.

To serve / 담기

볼 접시에 레몬 타임과 꽃을 채워주고 그 사이에 구워진 아티초크를 올려 마무리한다.

Bamboo shoot salad with mint pesto
민트 페스토와 죽순 샐러드

Ingredients / 재료

500g   Bamboo shoot(죽순)
        Salt(소금)

Mint pesto(민트 페스토)
200g   Apple mint(애플민트)
80g   Almond(아몬드)
40g   Pine nut(잣)
50g   Parmesan cheese(파마산 치즈)
120ml   Olive oil(올리브 오일)
15ml   Lemon juice(레몬 즙)
10g   Garlic(마늘)
        Salt(소금)

        Organic egg yolk(유기농 달걀 노른자)
        Apple mint(애플민트)
        White viola(화이트 비올라)
        Stoke flower(스토크꽃)
        Nasturtium & flower(한련화 & 꽃)

Method / 조리법

죽순의 껍질을 제거하고 테두리 부분도 필러를 이용하여 깨끗하게 다듬어 손질한다. 죽순이 충분히 잠길 정도의 끓는 물에 약간의 소금을 넣고 손질한 죽순을 넣고 40분 정도 약불로 익혀준다. 죽순이 익으면 얼음물에 넣어 식히고 2시간 정도 물에 담가 준비한다.

민트 페스토 끓는 물에 아몬드를 넣어 1분 정도 끓인 후 건져서 껍질을 제거하고 애플민트는 끓는 물에 살짝 데친 후 얼음물에 식힌 뒤 물기를 짜서 준비한다. 잣은 180도 오븐에 4분 정도 넣고 노릇하게 구워서 준비한다. 푸드 프로세서에 준비된 아몬드, 잣, 애플민트와 함께 다른 재료들을 모두 넣고 소금으로 간을 맞춰가며 페스토 형태가 되도록 갈아서 준비한다.

삶아서 준비한 죽순의 물기를 제거하고 10mm 두께로 잘라준 후 민트 페스토와 함께 버무려 준비한다.

To serve / 담기

민트 페스토와 버무려진 죽순을 접시에 올리고 그 위에 비올라, 한련화, 스토크꽃과 함께 달걀 노른자도 올려주고 애플민트도 올려 마무리한다.

우리의 재료를 이용한
서양의 음식은
먼저, 본질에 대해서 이해한 후에
셰프의 창의력을 발휘하여
현지화시켜야 한다.

Osetra caviar & kumquat gelée with creme fraich

오세트라 캐비아 & 금귤 즐레와 크렘 프레슈

Ingredients / 재료

20g	Osetra caviar(오세트라 캐비아)

Kumquat gelée(금귤 즐레)

100g	Kumquat(금귤)
30ml	White wine(화이트 와인)
100ml	Orange juice(오렌지 즙)
100ml	Lemon juice(레몬 즙)
20ml	White wine vinegar (화이트 발사믹 식초)
4장	Gelatine(젤라틴)
	Salt(소금)

Creme fraich(크렘 프레슈)

300ml	Fresh cream(생크림)
50ml	Buttermilk(버터밀크)
	Chervil(처빌)
	Orange pulp(오렌지 과육)

Method / 조리법

금귤 즐레 금귤을 2mm 두께로 잘라 속을 둥글게 파낸 후 트레이에 랩을 깔고 그 위에 속을 파낸 금귤을 올려 준비한다. 소스 팬에 화이트 와인을 넣고 약불에서 끓이면서 젤라틴을 넣고 젤라틴이 녹으면 불을 끈다. 소스 팬에 오렌지 즙과 레몬 즙을 넣고 화이트 발사믹 식초도 함께 넣어 잘 섞어주고 약간의 소금을 넣어 간을 맞춰준다. 트레이에 준비된 금귤 속에 부어서 채워주고 냉장고에 넣어 2시간 정도 굳혀서 준비한다.

크렘 프레슈 밀폐용기에 생크림과 버터밀크를 넣고 잘 섞어준 후 뚜껑을 덮고 실온에 12시간 정도 보관한다. 사워크림 정도의 농도가 되면 냉장고에 넣어 보관한다.

To serve / 담기

금귤 즐레를 접시 위에 올려 담고 파이핑백에 크렘 프레슈를 담아 작은 구멍을 내고 금귤 즐레 위에 짜서 올려주고 캐비아도 같이 올려준다. 금귤 사이로 크렘 프레슈를 짜서 올려주고 캐비아 스푼 위에도 캐비아를 올리고 오렌지 과육을 함께 올려준다. 처빌을 올려 마무리한다.

Saffron Risotto

새프런 리소토

Ingredients / 재료

200g	Rice(쌀)
2g	Saffron(새프런)
20g	Shallot(샬롯)
700ml	Chicken stock(치킨 스톡, page 401)
80ml	White wine(화이트 와인)
30g	Butter(버터)
60g	Parmesan cheese(파마산 치즈)
	Olive oil(올리브 오일)
	Salt(소금)

Method / 조리법

냄비에 치킨 스톡과 새프런을 넣고 끓기 시작하면 불을 끄고 새프런의 노란색이 나오도록 하여 준비한다. 소스 팬에 올리브 오일을 두르고 약불에 올린 후 샬롯을 다져서 넣고 약간의 소금을 넣은 후 투명하게 익혀준다. 여기에 쌀을 넣고 바닥에 붙지 않도록 잘 저어가며 2~3분 정도 익혀준다. 쌀의 표면이 조금씩 익기 시작하면 화이트 와인을 부어 잘 섞어주고 약불에서 중불로 올린 후 준비된 치킨 스톡을 3~4번에 나눠 넣고 10분 정도 쌀을 익혀준다. 쌀의 중앙부분이 약간 덜 익었을 때 약불로 줄이고 3분 정도 더 익혀준 후 불에서 내린다. 버터와 파마산 치즈를 함께 넣고 소금으로 적당히 간을 맞춰 골고루 섞어 준비한다.

To serve / 담기

접시 중앙에 리소토를 담아주고 새프런이 윗부분에 오도록 올려 마무리한다.

Quick pickled garden vegetable salad with mango sauce

퀵 피클 가든 샐러드와 망고 소스

Ingredients / 재료

Vegetable pickle(채소 피클)

100g	Baby carrot(꼬마 당근)
100g	Wild beetroot(와일드 비트)
100g	Baby turnip(어린 무)
50g	Baby cucumber flower(어린 오이꽃)
500ml	Pickle juice(피클주스, page 400)

Mango sauce(망고 소스)

150g	Mango(망고)
50ml	Coconut milk(코코넛 밀크)
30ml	Orange juice(오렌지주스)
10ml	Olive oil(올리브 오일)
50g	Raspberry(산딸기)
	Dill flower(딜꽃)
	Wood sorrel(우드 쏘렐)
	Orgarnic eggplant flower (유기농 가지꽃)

Method / 조리법

채소 피클 채소들은 뿌리와 잎이 분리되지 않도록 조심해서 깨끗하게 손질하고 망돌린(Mandoline)으로 얇게 저미듯 밀어서 그릇에 담아 준비한다. 피클주스가 끓기 시작하면 불을 끄고 차갑게 식힌 뒤 손질된 채소가 담겨 있는 그릇에 부어주고 1시간 정도 지나면 채소들을 건져내어 준비한다.

망고 소스 망고는 껍질과 씨를 제거한 뒤 투박하게 썰어서 준비하고 소스 팬에 올리브 오일을 넣고 약불에서 천천히 망고를 익혀준다. 망고가 부드럽게 익기 시작하면 코코넛 밀크와 오렌지주스를 넣고 5분 동안 약불에서 타지 않게 졸여준 후 핸드 블렌더로 곱게 갈아서 준비한다.

To serve / 담기

접시에 망고 소스를 얇게 발라주고 그 위에 채소 피클들을 올려준다.
산딸기, 딜꽃, 우드 쏘렐과 가지꽃으로 장식하여 마무리한다.

Butter-braised baby beetroots, carrots and red radishes with creamy goat cheese

버터 브레이징 작은 비트, 당근과 레드 래디시와 고트치즈 크림

Ingredients / 재료

100g	Rainbow baby carrot (레인보 미니 당근)
150g	Baby beetroot(미니 비트)
100g	French radish(프렌치 래디시)

Butter Braising(버터 브레이징)

100g	Butter(버터)
200ml	Water(물)
50ml	Champagne vinegar(샴페인 식초)
30ml	Lemon juice(레몬 즙)
5g	Sage(세이지)
5g	Sugar(설탕)
	Salt(소금)

Goat cheese cream(고트치즈 크림)

100g	Goat cheese(고트치즈)
30ml	Water(물)
50ml	Cream(크림)
10ml	Champagne vinegar(샴페인 식초)
	Salt(소금)

	Dill flower(딜꽃)
	French radish flower(프렌치 래디시꽃)
	Sage flower(세이지꽃)
	Mini salad(미니 샐러드)

Method / 조리법

뿌리채소들은 깨끗이 씻어주고 필러를 이용하여 껍질을 제거하며 줄기는 적당하게 남겨두고 잎들도 잘라 다듬어서 준비한다.

버터 브레이징 오븐은 180도로 예열하여 준비하고 약불에 소스 팬을 올리고 샴페인 식초와 설탕을 넣고 끓여준다. 설탕의 색이 나지 않을 만큼까지 식초를 바짝 조려주고 버터를 넣어준다. 버터가 녹으면 비트를 제외한 당근과 래디시를 넣고 약불에서 5분 정도 익혀주고 물, 레몬 즙과 세이지를 넣고 물이 끓어 오르면 소금을 약간만 넣고 오븐에 넣어 10분 정도 익혀준다. 같은 방식으로 비트도 진행해서 준비한다.

고트치즈 크림 모든 재료를 블렌더에 넣고 묽은 소스의 농도가 나오도록 부드럽게 갈아주고 소금으로 간을 맞춰 준비한다.

To serve / 담기

접시에 고트치즈 크림을 스푼으로 던지듯 부려서 올려주고 브레이징된 뿌리채소들도 올려준다. 비트를 브레이징할 때 나온 비트 즙도 스푼으로 뿌리듯 올린 후 미니 샐러드와 함께 딜꽃, 프렌치 래디시꽃과 세이지꽃을 놓아준다. 엑스트라 버진 올리브 오일을 부려서 마무리한다.

Calcot with romesco salsa & manchego cheese

칼솟과 로메스코 살사 & 만체고 치즈

Ingredients / 재료

3개   Large green onion(대파)

Romesco sauce(로메스코 소스)

500g   Tomato(토마토)
200g   Baguette(바게트)
300g   Red paprika(레드 파프리카)
100g   Almond(아몬드)
80g   Garlic(마늘)
150ml   Olive oil(올리브 오일)
50ml   Sherry wine vinegar(셰리 와인 식초)
10g   Smoked paprika seasoning
          (스모크 파프리카 시즈닝)
5g   Cayenne pepper seasoning
          (카옌페퍼 시즈닝)
          Salt(소금)

100g   Manchego cheese(만체고 치즈)
          White balsamic reduction
          (화이트 발사믹 리덕션, page 400)
          Lemon(레몬)
          Wild arugula(와일드 루콜라)

Method / 조리법

우든 파이어 그릴에 숯불을 미리 준비하고 대파는 손질할 필요 없이 숯불 위에 바로 올려 대파의 겉부분이 검게 타고 속이 부드럽게 익도록 구워준다. 대파가 익으면 불에서 꺼내어 검게 탄 겉부분을 걷어내고 흰 속 부분만 손질한다. 손질된 흰 부분을 다시 그릴에 올려 겉이 살짝 색이 나도록 익게 하여 준비한다. 파프리카도 그릴에 올려 겉이 검게 되도록 익혀주고 찬물에서 탄 껍질을 제거하여 속만 준비한다.

로메스코 소스   오븐은 180도로 예열하여 준비한다. 오븐 트레이에 호일을 깔고 토마토, 마늘과 백아몬드를 각각 올려 오븐에 넣고 바게트도 얇게 잘라 트레이에 올려 오븐에서 구워준다. 아몬드와 바게트는 엷은 갈색이 나도록 구워주고 토마토와 마늘은 속이 부드러워지도록 익혀준다. 모든 재료가 적절하게 익으면 오븐에서 꺼내주고 토마토는 껍질을 제거하여 완전히 식힌다. 푸드 프로세서에 구워진 모든 재료와 준비된 파프리카, 올리브 오일, 식초와 시즈닝을 넣어 갈아주고 소금으로 간을 맞춘다.

To serve / 담기

접시 위에 구운 대파를 올리고 그레이터를 이용하여 만체고 치즈를 갈아서 올려준다. 준비된 로메스코 소스를 곁들이고 화이트 발사믹 리덕션과 레몬 제스트를 더해주고 와일드 루콜라 잎으로 마무리한다.

Baked zucchini flowers stuffed with ricotta cheese over green pea couli

리코타를 채워 구워낸 주키니꽃과 완두콩 쿨리

Ingredients / 재료

300g   Zucchini flower(주키니꽃)
100g   Baby red kuri squash(어린 쿠리호박)
       Olive oil(올리브 오일)
       Salt(소금)

Ricotta cheese stuffing(리코타 치즈 스터핑)
100g   Ricotta cheese(리코타 치즈)
1개   Egg(달걀)
20g   Parmesan cheese(파마산 치즈)
10g   Apple mint(애플민트)
       Salt, Pepper(소금, 후추)

Pea couli(완두콩 쿨리)
150g   Peas(완두콩)
5g   Garlic(마늘)
10ml   White wine vinegar
       (화이트 와인 식초)
20g   Apple mint(애플민트)
       Extra virgin olive oil
       (엑스트라 버진 올리브 오일)
       Salt(소금)

       Sourdough bread(사워도우 브레드)
       Peas(완두콩)
       Pea shoot salad(완두콩 싹 샐러드)

Method / 조리법

어린 주키니와 호박꽃이 떨어지지 않도록 조심스럽게 주키니를 닦아주고 호박꽃 속의 심지를 제거하여 준비하고 어린 쿠리호박도 닦아서 준비하고 오븐을 190도로 예열한다.

리코타 치즈 스터핑 믹싱 볼에 달걀을 넣고 포크를 이용하여 흰자와 노른자가 완전히 섞이도록 저어주고 리코타 치즈와 파마산 치즈를 함께 넣고 애플민트도 잘게 다져서 첨가하고 모든 재료가 잘 섞이도록 저어주고 소금, 후추로 간을 맞춰준다. 준비된 주키니꽃 속으로 스터핑을 채워 넣고 코팅된 오븐 팬에 어린 쿠리호박과 함께 올려 올리브 오일을 발라준 후에 소금을 뿌려 예열된 오븐에 넣고 15분 정도 익혀서 준비한다.

완두콩 쿨리 끓는 물을 준비하고 완두콩과 마늘을 넣어 완전히 부드럽게 익도록 익혀주고 체에 물기를 빼고 블렌더에 나머지 재료들과 함께 넣어 곱게 간 뒤 체에 걸러 쿨리를 완성한다.

완두콩은 끓는 물에 5분 정도 데쳐서 준비하고 사워도우 브레드로 속부분을 파낸 후 오븐에 데워서 준비한다.

To serve / 담기

접시에 완두콩 쿨리를 올려 스크레이퍼로 펼쳐주고 구운 주키니와 쿠리호박을 올려준다. 완두콩은 껍질을 반만 제거하여 보트모양으로 올리고 사워도우 브레드와 완두콩 싹을 올려 마무리한다.

Herb chicken bouillon with spring season veggies & choy sum

가든 채소 & 채심을 곁들인 허브치킨 부용

Ingredients / 재료

Herb chicken bouillon(허브치킨 부용)

500ml	Chicken stock(치킨 스톡, page 401)
50g	Fennel(펜넬)
50g	Celery(셀러리)
10g	Dried tomato(말린 토마토)
50g	Shallot(샬롯)
10g	Garlic(마늘)
10g	Italian parsley(이탤리언 파슬리)
20g	Coriander(고수)
10g	Oregano(오레가노)
	Salt(소금)

Garden vegetables(가든 채소)

50g	Baby carrot(미니 당근)
50g	Choy sum(채심)
50g	Red radish(레드 래디시)
80g	Broccolini(브로콜리니)
50g	Asparagus(아스파라거스)
50g	Enoki mushrooms(팽이버섯)
30g	Green beans(그린 빈스)
30g	Carrot(당근)
	Rape flower(유채꽃)
	Violets of toulouse(툴루즈 제비꽃)
	Frill mustard(프릴 겨자)
	Mint(민트)

Method / 조리법

허브치킨 부용 펜넬, 셀러리와 샬롯은 손질하여 다이스 크기로 썰어 준비하고 마늘은 통으로 준비한다. 허브들은 깨끗하게 씻어 줄기째로 준비한다. 큰 냄비에 치킨 스톡과 함께 준비된 모든 재료를 넣고 센 불에서 끓이고 끓어 오르면 약불에서 15분 정도 더 끓여주고 소금으로 적당량의 간을 한 뒤 고운체에 밭쳐 맑은 부용을 준비한다.

가든 채소 미니 당근, 브로콜리니, 아스파라거스, 채심은 껍질을 얇게 벗겨 준비하고 당근은 슬라이서로 얇게 저며 준비한다. 레드 래디시와 그린 빈스, 팽이버섯도 깨끗하게 손질한다. 준비된 부용을 냄비에 담아 끓여주고 각 채소들의 익힘상태에 맞게 데쳐준다.

To serve / 담기

부용에 익힌 레드 래디시는 먹기 좋은 크기로 잘라주고 당근은 둥글게 말고 다른 채소들과 함께 볼에 담아준다. 따뜻하게 데운 허브치킨 부용을 채소가 담긴 볼에 부어주고 유채, 프릴 겨자, 제비꽃과 민트로 장식하여 마무리한다.

Ghee butter poached lion's mane mushroom with mushroom nest & shiitake jam

기버터에 익힌 노루궁뎅이버섯과 말린 버섯 둥지 & 표고버섯잼

Ingredients / 재료

200g	Lion's mane mushroom (노루궁뎅이버섯)
100ml	Chicken stock(치킨 스톡, page 401)
100ml	White wine(화이트 와인)
200g	Ghee butter(기버터)
10g	Garlic(마늘)
5g	Salt(소금)

Mushroom nest(버섯 둥지)

50g	Shiitake muchroom(표고버섯)
50g	Button mushroom(양송이버섯)
50g	Enoki mushrooms(팽이버섯)
	Canola oil(카놀라유)

Shiitake jam(표고버섯잼)

100g	Shiitake muchroom(표고버섯)
100g	Onion(양파)
30g	Garlic(마늘)
100ml	White wine(화이트 와인)
20ml	Apple vinegar(애플식초)
	Olive oil(올리브 오일)
	Salt(소금)
	Dill flowers(딜꽃)
	Sorrel(쏘렐)
	Pansy(팬지)
	Thyme flowers(타임꽃)

Method / 조리법

노루궁뎅이버섯은 밑부분을 깨끗하게 손질하고 냄비에 치킨 스톡, 화이트 와인, 마늘을 넣고 끓이다가 스톡이 끓기 시작하면 기버터와 소금을 넣고 약불로 줄여준다. 손질된 버섯을 스톡에 넣고 약불에서 30분 정도 시어링(Searing)으로 익혀서 준비한다.

버섯 둥지 튀김기에 카놀라유를 넣고 180도로 온도를 올려 준비한다. 표고버섯과 양송이버섯은 1mm 두께로 얇게 슬라이스해서 준비하고 팽이는 양쪽 끝을 잘라내고 손질한다. 튀김기에 온도가 오르면 버섯들을 넣어 바싹하게 튀기고 페이퍼 타월에 올려 기름을 빼서 준비한다.

표고버섯잼 소스 팬에 올리브 오일을 두른 후 양파와 마늘을 다져서 넣고 약불에서 10분 정도 천천히 익혀준다. 재료들이 바닥에 붙기 시작하면 애플식초를 넣어 데글레이즈하고 화이트 와인을 넣고 5분 정도 끓인 후에 블렌더로 곱게 갈아 소금으로 간을 맞춰 준비한다.

To serve / 담기

샐러드 볼에 튀긴 버섯을 올려 둥지 모양을 만들어주고 그 위에 노루궁뎅이버섯을 올려준다. 소스 튜브에 표고버섯잼을 넣고 튀긴 버섯 둥지 주위로 짜서 올려주고 식용 꽃잎, 딜꽃과 함께 쏘렐을 올려 마무리한다.

감동을 줄 수 있는 음식에는
고객에 대한 배려와 함께
노력의 흔적이 묻어 있는
셰프의 자존심이 공존해야 한다.

Butter-poached asparagus with lemon caviar & basil seed salad

포치드 아스파라거스와 레몬 캐비아 & 바질 시드 샐러드

Ingredients / 재료

100g   Asparagus(아스파라거스)
50g   Butter(버터)
300ml Vegetable stock
         (베지터블 스톡, page 402)
         Salt(소금)

Lemon caviar(레몬 캐비아)

400ml Lemon juice(레몬주스)
2g   Sodium alginate(알긴산나트륨)
200ml Water(물)
2g   Calcium chloride(염화칼슘)

20g   Basil seed(바질 시드)
         Nasturtium(한련화)
         Sorrel(쏘렐)
         Pansy(팬지)

Method / 조리법

아스파라거스는 필러를 이용해 몸통부분의 껍질을 제거하여 손질한다. 소스 팬에 베지터블 스톡과 버터, 간이 될 정도의 소금을 적당량 넣어 끓여준다. 스톡이 끓으면 손질된 아스파라거스를 넣고 약불에서 1분 정도 익혀주고 건져서 준비한다.

레몬 캐비아 믹싱 볼에 레몬주스와 함께 알긴산나트륨을 넣어 위스크로 잘 섞이도록 저어주고 냉장고에서 10시간 정도 보관한다. 물에 염화칼슘을 잘 녹여주고 냉장고에 식혀 준비된 레몬주스를 물방울 모양이 되도록 스포이드를 이용하여 한 방울씩 염화칼슘에 떨어뜨려 캐비아를 만들고 굳어지면 체로 건져 준비한다.

바질 시드는 3배 정도의 물을 넣고 불려서 준비한다.

To serve / 담기

사각틀에 불려진 바질 시드를 접시에 담고 그 위에 아스파라거스를 올린다. 레몬 캐비아를 올려주고 한련화 잎, 쏘렐과 식용 꽃을 올려 마무리한다.

Marinated olives with chamomile
캐모마일 마리네이티드 올리브

Ingredients / 재료

Marinated olives(마리네이티드 올리브)
100g	Sicilian olives(시실리안 올리브)
1개	Cinnamon stick(시나몬 스틱)
1개	Star anise(스타 아니스)
3g	Whole peppercorns(통후추)
5g	Garlic(마늘)
2g	Lemon peel(레몬 껍질)
2g	Lime peel(라임 껍질)
2g	Thyme(타임)
2g	Rosemary(로즈메리)
2g	Dried chamomile(건조 캐모마일)
100ml	Olive oil(올리브 오일)

Rosemary(로즈메리)
Chamomile flower & leaves
(캐모마일꽃 & 잎)
Swan river daisy(사계국화)

Method / 조리법

건조 캐모마일을 티백에 넣어 준비하고 소스 팬을
약불에 올린 후 티백과 함께 모든 재료를 함께 넣어
15분 정도 시머링(Simmering)한다. 다른 용기에
옮겨 담아 식힌 후 냉장고에 넣어 차갑게 준비한다.

To serve / 담기

긴 접시에 절인 올리브와 재료들을 담아주고 로즈
메리, 사계국화와 캐모마일 잎과 꽃을 올려 마무리
한다.

Roasted eggplant & oven dried cherry tomatoes with Greek yogurt ranch

구운 가지 & 오븐에서 말린 체리토마토와 그릭 요거트 랜치

Ingredients / 재료

1개   Italian eggplant(이탤리언 가지)
      Olive oil(올리브 오일)
      Salt(소금)

**Oven dried cherry tomatoes
(오븐 드라이 체리토마토)**

10개   Color cherry tomato
      (색깔 체리토마토)
      Olive oil(올리브 오일)
      Thyme(타임)
      Salt(소금)

Greek yogurt ranch(그릭 요거트 랜치)

200g   Greek yogurt(그릭 요거트)
150g   Mayonnaise(마요네즈, page 400)
50ml   Lemon juice(레몬 즙)
10g   Garlic juice(마늘 즙)
10g   Salt(소금)

      Basil seed(바질 씨앗)
      Sedum(돌나물)
      Red radish(레드 래디시)

Method / 조리법

오븐을 100도로 예열하고 체리토마토는 반으로 잘라 단면부분을 페이퍼 타월에 올려 과즙을 어느 정도 제거한다. 오븐 트레이에 토마토의 단면이 위로 오도록 놓아주고 올리브 오일과 소금, 타임을 올려 예열된 오븐에서 2시간 정도 말리듯이 익혀준다.

220도로 오븐을 예열하고 가지는 절반으로 길게 잘라 격자로 칼집을 넣는다. 중간불에 달궈진 팬에 올리브 오일을 두르고 가지의 단면을 올려 2분 정도 노릇하게 익을 때까지 구워주고 뒤집어서 적당량의 소금을 뿌리고 오븐에 넣어 5분 정도 더 익혀준다.

그릭 요거트 랜치 모든 재료를 믹싱 볼에 넣고 위스크를 사용하여 잘 섞이도록 저어주고 냉장고에 차갑게 보관한다.

To serve / 담기

나무 접시 위에 오븐에서 구운 가지를 올리고 주위에 체리토마토를 같이 올려준다. 차갑게 보관된 요거트 랜치를 골고루 뿌려주고 바질 씨앗과 돌나물, 레드 래디시로 마무리한다.

Duck 영암

Beef sirloin/beef shank 함평

Beef tenderloin/beef chuck flap 함평

Beef strip loin/Beef tongue 정읍

Beef bone marrow 정읍

Beef shin fore shank 정읍

Pork tenderloin/Pork belly 제주

Pork ham hock 남원

Bone in pork chop 남원

French rack of lamp 호주

Lamb shank/lamb loin chop 호주

Lamb shoulder 호주

Horse tenderloin 제주

OX tail 함평

Pan-seared duck breast with barley warm salad & Polish salted mushrooms

팬에 구운 오리 가슴살과 따뜻한 보리 샐러드 & 폴란드식 절인 버섯

Ingredients / 재료

500g	Duck breast(오리 가슴살)	
	Olive oil(올리브 오일)	
	Butter(버터)	
	Rosemary(로즈메리)	
	Salt(소금)	
	Pepper(후추)	

Barley warm salad(보리 샐러드)
200g	Barley(늘보리)
50g	Onion(양파)
10ml	Champagne vinegar(샴페인 식초)
20ml	Lime juice(라임 즙)
10g	Dijon mustard(디종 머스터드)
30ml	Extra virgin olive oil (엑스트라 버진 올리브 오일)
10g	Italian parsley(이탤리언 파슬리)
	Salt(소금)
	Pepper(후추)

Polish salted mushrooms(절인 버섯)
200g	Beech mushroom(만가닥버섯)
100ml	Water(물)
100ml	White wine vinegar (화이트 와인 식초)
30g	Whole garlic(통마늘)
30g	Salt(소금)
60g	Sugar(설탕)
20g	Allspice(올스파이스)
10g	Whole peppercorns(통후추)
10g	Dill(딜)
	Bean sprouts(콩싹)
	Beetroot(비트)
	Maldon salt(맬든 소금)
	Pepper(후추)

Method / 조리법

오리 가슴살은 힘줄과 지방을 제거한 후 껍질부분은 격자무늬로 칼집을 내고 소금, 후추로 밑간을 한다. 오븐은 섭씨 200도로 미리 예열하여 두고 중불에서 아이언 프라이팬에 올리브 오일을 두른 후 손질된 오리 가슴살의 껍질부분을 먼저 팬 위에 올려 5분 정도 구워준다. 껍질부분이 노릇해지면 반대로 뒤집어서 5분 정도 더 구워준다.
로즈메리를 껍질 위에 올려 스푼을 사용하여 팬의 기름을 껍질부분에 올리며 익혀주다가 예열된 오븐에서 3분 정도 익혀주고 꺼내어 10분 정도 레스팅(Resting)을 진행한다.

보리 샐러드 보리는 끓는 물에서 15분 이상 완전히 익혀주고 체에 밭쳐 물기를 완전히 빼내어 준비한다. 믹싱 볼에 양파와 이탤리언 파슬리를 다져 넣고 익혀둔 보리와 함께 모든 재료를 넣어 섞어준다. 소금, 후추로 간을 하여 준비한다.

절인 버섯 만가닥버섯의 밑부분을 제거한 후 깨끗하게 손질하고 냄비에 버섯과 마늘, 딜을 제외한 모든 재료를 넣어 끓여준다. 5분 정도 끓인 후에 건더기들을 체에 걸러낸 후 완전히 식혀 유리병에 부어주고 손질된 버섯과 통마늘, 딜을 넣어 냉장고에서 하루 정도 숙성시켜 준비한다.

To serve / 담기

레스팅을 마무리한 오리 가슴살을 아이언 프라이팬에서 껍질부분을 시어링(Searing)하고 적당한 크기로 잘라 올려준다. 보리 샐러드를 올려주고 각종 비트와 콩싹을 함께 곁들이고 절인 버섯도 올려준다. 맬든 소금과 후추를 올려 마무리한다.

Honey-roasted duck breast & chestnut purée with five spices duck jus

허니 로스팅 오리 가슴살 & 밤 퓌레와 스파이스 덕 쥬

Ingredients / 재료

300g	Duck breast(오리 가슴살)
50g	Honey(꿀)
25ml	Balsamic vinegar(발사믹 식초)
2g	Cinnamon stick(시나몬 스틱)
2g	Sage(세이지)
	Salt, Pepper(소금, 후추)

Chestnut purée(밤 퓌레)

100g	Fresh chestnut(생밤)
80ml	Chicken stock(치킨 스톡, page 400)
50ml	Cream(크림)
20g	Honey(꿀)
	Salt(소금)

Spice duck jus(스파이스 덕 쥬)

20g	5 Chinese spice(5 차이니스 스파이스)
200ml	Duck stock(오리 스톡, page 401)
50ml	Red wine(레드 와인)
10ml	Red wine vinegar(레드 와인 식초)
10g	Sage(세이지)
20g	Honey(꿀)
10ml	Soy sauce(간장)
	Salt(소금)
20g	Shallot(샬롯)
10g	Fresh almond(생아몬드)
20g	Cherry(체리)
20g	Beech mushroom(만가닥버섯)
	Mint basil(민트 바질)
	Arugula flower(루콜라꽃)

Method / 조리법

오리 힘줄과 껍질을 제외한 지방을 제거하고 소금, 후추로 밑간하여 준비한다. 소스 팬에 꿀을 넣고 꿀이 거품이 나면서 조려지기 시작하면 발사믹 식초와 시나몬 스틱, 세이지를 넣고 1/2로 조려준다. 오븐은 200도로 예열하고 샬로우 프라이팬을 강불에 올려 팬에서 연기가 오르기 시작하면 손질된 오리 가슴살을 껍질부분부터 올려주고 중불로 내려 7분 정도 굽는다. 껍질이 노릇하고 바싹하게 익으면 뒤집어서 3분 정도 더 익혀준다. 오븐 트레이에 구워진 오리 가슴살을 껍질이 위로 오도록 옮겨 담아 소스 팬에 준비된 꿀을 껍질 위로 코팅하듯 발라주고 쿠킹 호일로 덮은 후 오븐에 넣어 15분 정도 익힌 뒤 꺼내어 5분 동안 레스팅(Resting)하여 준비한다.

밤 퓌레 껍질을 제거한 밤과 치킨 스톡을 소스 팬에 넣고 약불에서 익혀준다. 밤이 완전히 익으면 크림과 꿀을 첨가하고 한번 더 끓인 후에 핸드 블렌더로 곱게 갈아 소금으로 간을 맞춰 준비한다.

스파이스 덕 쥬 소스 팬에 레드 와인 식초, 스파이스와 꿀을 넣고 1/2로 조리다가 레드 와인을 넣고 끓인 후에 오리 스톡과 간장을 넣고 세이지도 넣어 1/3까지 조려서 소금으로 간을 맞춘 뒤 시누아에 걸러 쥬를 완성한다. 생아몬드는 껍질을 벗겨주고 샬롯은 손질 후 반으로 잘라 만가닥버섯과 함께 팬에 구워 준비한다.

To serve / 담기

접시 위에 밤 퓌레를 올린 뒤 스크레이퍼를 이용하여 펼쳐서 발라주고 레스팅(Resting)을 마친 오리 가슴살을 잘라 올려준다. 구운 샬롯은 볼 모양으로 접시에 담아 스파이스 덕 쥬를 채워주고 주위에 애플체리와 생아몬드, 만가닥버섯을 올려주고 민트 바질과 루콜라꽃을 추가하여 마무리한다.

Duck confit & parsnip purée with port wine reduction sauce

오리 콩피 & 파스닙 퓌레와 포트 와인 리덕션 소스

Ingredients / 재료

Duck confit(오리 콩피)

600g	Duck leg(오리 다리)
300g	Goose fat(거위지방)
10g	Cumin seed(커민 씨)
20g	Coriander seed(고수 씨)
20g	Juniper berry(주니퍼 베리)
50g	Salt(소금)
10g	Whole peppercorns(통후추)
20g	Whole garlic(통마늘)
30g	Rosemary(로즈메리)
30g	Thyme(타임)
1장	Bay leaf(월계수잎)

Parsnip purée(파스닙 퓌레)

400g	Parsnip(파스닙)
30g	Garlic(마늘)
150ml	Milk(우유)
100ml	Cream(크림)
50g	Butter(버터)
	Salt(소금)

Walnut(호두)
Bok choy(청경채)
Thyme(타임)
Maldon salt(맬든 소금)

Port wine reduction sauce (포트 와인 리덕션 소스)

300ml	Port wine(포트 와인)
600ml	Brown chicken stock (브라운 치킨 스톡, page 401)
50g	Shallot(샬롯)
20g	Garlic(마늘)
10g	Whole peppercorns(통후추)
	Olive oil(올리브 오일)
	Salt(소금)

Walnut(호두)
Bok choy(청경채)
Thyme(타임)
Maldon salt(맬든 소금)

Method / 조리법

오리 콩피 커민 씨, 고수 씨, 주니퍼 베리, 소금과 통후추를 절구에 넣고 빻아서 럽(rub)을 만들어 준비한다. 오리 다리는 절단부분의 지방을 제거하고 깨끗하게 손질해서 준비된 럽을 살과 껍질 부분에 모두 붙도록 발라주고 용기에 담아서 향이 배도록 2일 정도 냉장고에 보관한다. 2일 후 오리 다리를 꺼내서 묻어 있는 럽과 수분을 페이퍼 타월을 이용하여 완전히 제거한다. 오븐은 90도로 예열하고 준비된 오리 다리를 아이언 캐서롤(iron casserole)에 넣고 거위 지방과 함께 로즈메리, 타임, 월계수 잎과 마늘을 첨가한 뒤 뚜껑을 덮고 오븐에 넣어 3시간 정도 익혀준다. 부드럽게 익혀진 콩피는 지방과 함께 완전히 식혀서 냉장고에 넣어 보관한다.

파스닙 퓌레 파스닙은 껍질을 제거하고 슬라이스하여 소스 팬에 담고 마늘과 약간의 소금을 넣고 우유를 부어 재료들이 부드러워질 때까지 익혀준다. 크림을 추가해서 부어주고 약불에서 10분 정도 더 익히다가 푸드 프로세서에 넣고 버터와 함께 부드럽게 갈아주고 소금으로 간을 맞춰 준비한다.

포트 와인 리덕션 소스 소스 팬에 오일을 두르고 다진 샬롯과 마늘을 넣어 갈색이 될 때까지 익히다가 포트 와인을 부어 1/3까지 조려준다. 조려진 와인에 치킨 스톡과 통후추를 넣어 1/3까지 조려주고 시누아에 걸러 소스를 완성한다.

To serve / 담기

식혀둔 오리 콩피를 꺼내어 강불에서 데워진 아이언 팬에 껍질부분을 올려주고 2분 정도 익히다가 180도로 예열된 오븐에서 10분 정도 더 익혀준다. 호두는 오븐에 노릇하게 구워서 준비하고 청경채는 끓는 물에 데쳐서 준비해 둔다. 나무 접시 위에 파스닙 퓌레를 적당히 올리고 오리 콩피와 소스, 청경채를 올려준다. 콩피 위에 타임 잎과 맬든 소금을 올려 마무리한다.

Pomegranate champagne jelly on foie gras au torchon with sweet bitter salad

석류 샴페인 젤리를 올린 푸아그라 토르숑과 스위트 비터 샐러드

Ingredients / 재료

Foie gras au torchon(푸아그라 토르숑)

600g	Foie gras(푸아그라)
20g	Salt(소금)
10g	Sugar(설탕)
20ml	Brandy(브랜디)
	Milk(우유)
	Pepper(후추)

Pomegranate champagne jelly (석류 샴페인 젤리)

200ml	Pomegranate juice(석류 즙)
50ml	Champagne(샴페인)
20ml	Lemon juice(레몬 즙)
15g	Sugar(설탕)
4장	Gelatin(젤라틴)

Sweet bitter salad(스위트 비터 샐러드)

20g	Radicchio(라디치오)
20g	Chicory(치커리)
20g	Mustard leaves(청겨자 잎)
	Maple lemon vinaigrette (메이플 레몬 비네그레트, page 201)

Sweet bitter salad(스위트 비터 샐러드)

Viola(비올라)
Borage flower(보리지꽃)
Marigold(메리골드)
Bronze fennel(브론즈 펜넬)
Bronze fennel flower
(브론즈 펜넬꽃)
Cherry sage flower(체리 세이지꽃)
Wood sorrel(우드 쏘렐)
Wild arugula(와일드 루콜라)
Maldon salt(맬든 소금)

Method / 조리법

푸아그라 토르숑 푸아그라는 우유에 잠길 정도로 담가 실온에 1시간 정도 두었다가 꺼내어 중심부에 있는 힘줄을 제거하여 준비한다. 믹싱 볼에 고운 소금, 설탕과 약간의 후추를 곱게 갈아 함께 넣고 잘 섞어 시즈닝을 만들어 준비한다. 손질된 푸아그라 600g에 준비된 시즈닝 12g을 골고루 부려주면서 발라주고 브랜디도 발라준다. 랩 위에 푸아그라를 올리고 지름 80mm 정도의 두께가 되도록 길고 둥굴게 말아준 후 양쪽 끝을 막아서 모양을 만들고 냉장고에 넣어 3시간 정도 굳혀준다. 굳어진 푸아그라의 랩을 벗겨내고 조리용 거즈로 다시 돌돌 말아 양쪽 끝을 막아준 후 끓는 치킨 스톡에 1분 30초 정도 넣었다가 꺼내어 바로 얼음물에 넣어 식혀주고 거즈를 제거하여 준비한다.

석류 샴페인 젤리 젤라틴은 찬물에 넣어 부드럽게 만들어주고 소스 팬에 샴페인과 설탕을 넣은 후 녹을 때까지 끓여준다. 설탕이 녹으면 석류 즙과 레몬 즙을 넣고 끓어 오르면 불을 끄고 준비된 젤라틴을 넣어 녹여준다. 시트 팬에 실리콘 패드를 깔고 그 위에 두께 2mm가 되도록 얇게 부어서 2시간 정도 냉장고에 넣어 굳혀준다. 젤리가 굳으면 푸아그라 토르숑과 같은 지름의 원형 틀을 이용하여 동그란 모양으로 찍어서 준비한다.

스위트 비터 샐러드 라디치오, 치커리와 청겨자 잎을 얇게 슬라이스하여 차가운 물에 넣고 꺼낸 후 스피너에 넣어 물기를 제거한다. 믹싱 볼에 채소를 넣고 비네그레트와 함께 혼합하여 준비한다.

To serve / 담기

원형 틀을 이용하여 접시에 준비된 샐러드를 올려주고 그 위로 푸아그라 토르숑과 젤리를 올려준다. 허브와 식용 꽃들을 주위로 올려주고 젤리 위에 맬든 소금을 올려 마무리한다.

Foie gras apple flan

푸아그라 애플 플랑

Ingredients / 재료

Foie gras apple flan
(푸아그라 애플 플랑)

1개	Apple(홍로사과)
100g	Foie gras(푸아그라)
30ml	Cream(크림)
70g	Egg(달걀)
10ml	Calvados(칼바도스)
10g	Butter(버터)
	Salt, Pepper(소금, 후추)
	Calendula(컬렌듈라)
	Choco mint(초코민트)
	Lemon balm(레몬 밤)

Method / 조리법

푸아그라 애플 플랑 오븐을 180도로 예열하여 준비하고 사과의 윗부분을 잘라낸 후 가장자리부터 바닥까지 10mm 정도를 남기고 속을 파내 볼을 만들어준다. 아이언 프라이팬(Iron frying pan)을 중불에 올리고 푸아그라를 뒤집어가며 노릇하게 구운 후 칼바도스를 이용하여 플랑베(Flambee)를 하여주고 블렌더에 달걀과 함께 넣어 크림형태로 곱게 갈아준다. 크림과 버터를 넣어 한번 더 갈아준 후 소금과 후추로 간을 맞춰준다. 푸아그라 크림이 완성되면 볼을 만든 사과에 채워 넣고 오븐에 넣어 40분 정도 익혀 완성한다.

To serve / 담기

볼 접시에 애플 플랑을 중앙에 담은 후 레몬 밤, 초코민트와 컬렌듈라를 주위에 담고 컬렌듈라 꽃잎을 사과 위에 몇 잎 올려 마무리한다.

Duck ragu with spaghetti & grilled shiitake mushrooms, floral mushrooms

오리 라구 스파게티 & 구운 표고버섯과 꽃송이버섯

Ingredients / 재료

Duck ragu(오리 라구)

1마리	Duck(오리)
100g	Onion(양파)
100g	Carrot(당근)
80g	Celery(셀러리)
20g	Garlic(마늘)
150ml	Red wine(레드 와인)
1,00ml	Brown chicken stock (브라운 치킨 스톡, page 401)
50g	Italian parsley(이탤리언 파슬리)
30g	Thyme(타임)
10g	Whole peppercorns(통후추)
	Salt, Pepper(소금, 후추)
	Crushed onion(다진 양파)
200g	Spaghetti(스파게티)
	Beech mushroom(만가닥버섯)
	Shiitake mushroom(표고버섯)
	Floral mushroom(꽃송이버섯)
	Parmesan cheese(파마산 치즈)
	Chervil(처빌)
	Arugula flower(루콜라꽃)
	Extra virgin olive oil (엑스트라 버진 올리브 오일)
	Salt, Pepper(소금, 후추)

Method / 조리법

오리 라구 오븐은 180도로 미리 예열하여 준비한다. 오리는 큰 지방 덩어리들은 손질하고 껍질이 있는 상태에서 큼지막하게 잘라 준비한다. 브레이징 팬을 중불에 올려 달궈지면 손질된 오리 조각들을 껍질부분이 닿도록 올려 겉에 갈색이 돌도록 익혀주고 어느 정도 익은 오리고기는 한쪽에 두고 팬에 있는 오리기름을 조금만 남기고 버린다. 남은 오리기름에 양파, 당근, 셀러리와 마늘을 큼직하게 잘라 넣고 볶아주다가 채소가 색이 나면 오리고기를 다시 넣고 레드 와인을 부어 데글레이즈한다. 레드 와인과 재료가 끓기 시작하면 스톡과 타임, 통후추를 뚜껑을 덮어 오븐에 넣고 2시간 정도 익혀준다.

시간이 되면 오리고기는 꺼내 식혀서 손으로 살을 찢으며 뼈와 분리해 준비한다. 팬에 남아 있는 스톡은 시누아에 걸러 다른 브레이징 팬에 옮겨 담고 찢어 놓은 오리고기와 이탤리언 파슬리를 다져 함께 넣은 후 소금, 후추로 간을 맞춰 끓이면서 라구 소스를 완성한다.

표고버섯은 길게 잘라서 뜨겁게 달군 프라이팬에서 익혀주고 꽃송이버섯은 끓는 물에 데쳐서 준비하고 스파게티는 끓는 물에 8분 정도 삶아서 준비한다. 프라이팬에 오일을 두르고 다진 양파와 만가닥버섯을 볶다가 완성된 라구소스를 넣어 끓인 뒤 삶아둔 스파게티를 넣고 볶아서 준비한다.

To serve / 담기

집게를 이용해서 접시에 파스타를 담아주고 그 위에 익힌 표고버섯과 꽃송이버섯을 올려준다. 파마산 치즈를 그레이터로 갈아 뿌려주고 처빌, 루콜라꽃과 함께 엑스트라 버진 올리브 오일을 추가하여 마무리한다.

Beef tongue and shank ragu with spaghettini & roasted eggplant

아롱사태, 우설 라구와 스파게티니 & 구운 가지

Ingredients / 재료

Ragu sauce(라구 소스)

200g	Beef tongue(우설)
500g	Beef shank(아롱사태)
100g	Carrot(당근)
100g	Onion(양파)
100g	Celery(셀러리)
5g	Whole peppercorns(통후추)
500ml	Beef stock(비프 스톡, page 401)
200ml	Red wine(레드 와인)
500g	Tomato(완숙토마토)
20g	Rosemary(로즈메리)
20g	Thyme(타임)
	Olive oil(올리브 오일)
	Salt(소금)
	Pepper(후추)

200g	Spaghettini(스파게티니)

100g	Eggplant(가지)
100g	Oyster mushroom(느타리버섯)
	Grana padano cheese (그라나 파다노 치즈)
	Pea tendril(콩 싹)

Method / 조리법

라구 소스 우설은 뒷부분의 지방과 힘줄, 막 등을 제거하고 박피하여 준비하고 아롱사태는 겉에 있는 큰 힘줄만 제거한다. 180도로 오븐을 예열하고 브레이징 팬에 오일을 두른 후 손질된 우설과 아롱사태에 소금과 후추로 밑간을 하고 시어링(Searing)하여 한쪽에 보관한다. 당근, 양파와 셀러리는 슬라이스해서 시어링하던 팬에 넣고 볶아주다가 어느 정도 익으면 시어링된 고기를 넣어준다. 레드 와인과 스톡을 같이 넣어주고 통후추와 허브를 추가하여 뚜껑을 덮고 오븐에 넣어 2시간 이상 익혀준다.

우설과 아롱사태가 완전히 부드럽게 익으면 건져내어 트레이에 올려 식혀주고 손으로 잘게 찢어 준비한다. 스톡은 시누아에 걸러 준비하고 완숙토마토는 뜨거운 물에 데쳐 껍질을 제거하고 잘게 다져서 준비해 둔다. 소스 포트에 찢어 놓은 고기와 스톡 그리고 다진 토마토를 넣고 약불에서 천천히 농도를 맞춰가며 끓이고 소금과 후추로 간을 맞춰 라구 소스를 완성한다.

가지는 껍질을 벗겨 원형으로 잘라 소금을 뿌려 오븐에 구워 준비하고 느타리버섯은 모양대로 찢어서 프라이팬에 볶아 준비한다. 스파게티니 면은 끓는 물에 7분 정도 삶아 물기를 빼고 준비한다.

To serve / 담기

프라이팬에 삶아 놓은 스파게티니와 라구소스를 넣고 버무리듯 데워서 접시에 담아주고 구운 가지와 느타리버섯도 같이 올려준다. 콩 싹도 함께 올려주고 그레이터를 이용하여 그라나 파다노 치즈도 곱게 갈아 올려서 마무리한다.

Roasted pork tenderloin with balsamic rub & maple sage gravy

발사믹을 발라 구운 돼지 안심 & 메이플 세이지 그레이비

Ingredients / 재료

500g Pork tenderloin(돼지안심)
       Salt(소금)
       Pepper(후추)

Balsamic rub(발사믹 럽)
100ml Balsamic vinegar(발사믹 식초)
100g   Olive oil(올리브 오일)
20g   Garlic(마늘)
20g   Rosemary(로즈메리)
10g   Thyme(타임)

**Maple sage gravy
(메이플 & 세이지 그레이비)**
200ml Chicekn stock(치킨 스톡, page 401)
20g   Sage(세이지)
50g   Butter(버터)
50g   Flour(밀가루)
5ml   Maple syrup(메이플 시럽)
       Salt(소금)
       Pepper(후추)

       Shallot(샬롯)
       Beech mushroom(만가닥버섯)
       Balsamic reduction
       (발사믹 리덕션, page 400)
       Sage(세이지)
       Sage flower(세이지꽃)
       Thyme flower(타임꽃)

Method / 조리법

발사믹 럽 푸드 프로세서에 마늘, 로즈메리, 타임과 발사믹 식초를 넣고 재료들이 잘 섞이도록 갈아서 준비한다.

돼지 안심은 힘줄을 제거하고 스테이크용 끈을 이용해서 반듯한 모양으로 바인드(bind)하여 준다. 오븐을 180도로 미리 예열하여 준비한다.
바인드되어 있는 돼지 안심에 소금과 후추로 밑간하여 주고 준비된 발사믹 럽은 돼지 안심에 골고루 묻도록 잘 발라서 냉장고에 넣어 1시간 정도 숙성시킨다. 숙성된 돼지 안심을 꺼내어 올리브 오일을 모든 면에 골고루 발라주고 예열된 오븐에 넣고 안심의 내부 온도가 65도가 될 때까지 30분 정도 익힌 뒤 꺼내서 10분 정도의 레스팅(Resting)을 진행한다.

메이플 & 세이지 그레이비 소스 팬에 버터와 밀가루를 넣고 약불에서 갈색이 날 때까지 밀가루를 볶아준다. 치킨 스톡과 함께 세이지를 다져서 넣고 약불에서 밀가루가 잘 풀리도록 저어주며 10분 정도 조려주다가 메이플 시럽을 넣고 고운체에 밭쳐 소스를 준비한다.

To serve / 담기

바닥에 그레이비 소스를 올리고 레스팅(Resting)이 마무리된 안심을 적당한 크기로 잘라 담아주고 구운 양파와 만가닥버섯을 올리고 주위에 적당량의 발사믹 리덕션을 뿌려준다. 세이지는 튀겨서 올려주고 세이지꽃으로 함께 마무리한다.

Coffee bean-braised French rack of lamb with oven dried nuts & raisin

커피에 브레이징한 양갈비와 오븐에 구운 견과류와 건포도

Ingredients / 재료

**Coffee-braised lamb
(커피 브레이징 양갈비)**

500g	French rack of lamb(양갈비)
50g	Onion(양파)
50g	Carrot(당근)
50g	Celery(셀러리)
5g	Whole peppercorns(통후추)
200ml	Red wine(레드 와인)
300ml	Veal stock(빌 스톡, page 401)
20g	Coffee bean(커피 빈)
50ml	Honey(꿀)
	Olive oil(올리브 오일)
	Thyme(타임)
	Salt(소금)
	Pepper(후추)
	Shallots(샬롯)
	Asparagus(아스파라거스)
	Brazil nut(브라질 너트)
	Cashew nut(캐슈 너트)
	Raisins(건포도)
	Apple mint(애플민트)

Method / 조리법

브레이징 양갈비 오븐은 190도로 예열하여 준비한다. 양갈비는 뼈와 살 부분의 지방과 껍질을 제거하여 손질하고 브레이징 팬에 오일을 두르고 양파, 당근과 셀러리를 슬라이스해서 익혀주다가 채소들이 색이 나면서 익기 시작하면 손질된 양갈비를 넣고 시어링(Searing)을 하며 양갈비의 겉을 익혀준다. 팬에 레드 와인, 스톡, 꿀, 후추와 허브를 넣고 커피 빈도 부숴서 같이 넣고 끓이다가 뚜껑을 덮고 오븐에 넣어 15분 정도 브레이징한다. 브레이징된 양갈비는 꺼내두고 스톡은 시누아에 걸러 준비한다.

브라질 너트, 캐슈 너트와 건포도는 오븐 트레이에 올려 오븐에 넣고 5분 정도 익혀서 준비한다. 아스파라 거스는 끓는 물에 데쳐 준비하고 샬롯은 손질해서 반으로 자른 후에 단면이 갈색이 나도록 익혀서 준비 한다.

To serve / 담기

브레이징된 양갈비는 뼈를 따라 잘라서 접시 위에 올려주고 구운 너트와 건포도를 올려준다. 구운 샬롯과 아스파라거스를 양갈비 옆으로 올려주고 걸러서 준비한 스톡을 적당히 부은 뒤 애플민트를 올려 마무리 한다.

Braised lamb shank with jasmine

브레이징 양 정강이와 재스민

Ingredients / 재료

2개	Lamb shank(양 정강이)
	Flour(밀가루)
	Olive oil(올리브 오일)
	Salt, Pepper(소금, 후추)
100g	Onion(양파)
80g	Carrot(당근)
80g	Celery(셀러리)
10g	Garlic(마늘)
100g	Tomato(완숙토마토)
50ml	Red wine(레드 와인)
800ml	Chicken stock(치킨 스톡, page 401)
800ml	Beef stock(비프 스톡, page 401)
1개	Jasmine tea bag(재스민 티백)
	Salt(소금)
	Jasmine leaves(재스민 잎)
	Arugula flower(루콜라꽃)

Method / 조리법

양 정강이를 소금과 후추로 밑간하여 밀가루를 골고루 묻힌 후 털어내서 준비한다. 라지 소스 팬을 중불에 올리고 올리브 오일을 두른 후 온도가 높게 올라오면 준비된 양 정강이를 넣고 모든 면이 노릇하게 익도록 돌려가면서 5분 정도 익힌 뒤 꺼내어 준비한다.

양 정강이를 익힌 라지 소스 팬에 양파, 당근과 셀러리를 미르푸아(Mirepoix)로 만들어 넣고 마늘도 함께 노릇하게 익혀준다. 채소들이 색이 나기 시작하면 레드 와인을 부어 데글레이즈(Deglaze)하고 완숙토마토를 으깨서 넣어준다. 준비된 양 정강이를 채소 위에 올려주고 치킨 스톡과 비프 스톡을 함께 부은 후 약간의 소금과 재스민 티백을 넣고 뚜껑을 덮어 약불에서 3시간 정도 익혀준다. 부드럽게 익은 양 정강이를 건져내고 스트레이너(Strainer)를 이용하여 소스 팬에 있는 소스를 걸러준다.
약불에 소스 팬을 올리고 걸러진 소스와 양 정강이를 넣어 소스를 얹어가며 조려서 준비한다.

To serve / 담기

동냄비에 재스민을 골고루 담아주고 중앙에 조려진 양 정강이를 올린 후 루콜라꽃을 올려 마무리한다.

Bœuf bourguignon with Jerusalem artichoke puree & braised shallots

뵈프 부르기뇽과 돼지감자 퓌레 & 브레이징 샬롯

Ingredients / 재료

Bœuf bourguignon(뵈프 부르기뇽)
500g	Shin fore shank(소고기 사태살)
100g	Bacon(베이컨)
250ml	Bourgogne red wine (부르고뉴 레드 와인)
250ml	Beef stock(비프 스톡, page 401)
30g	Tomato paste(토마토 페이스트)
100g	Carrot(당근)
100g	Onion(양파)
50g	Celery(셀러리)
20g	Garlic(마늘)
10g	Thyme(타임)
10g	Sage(세이지)
50g	Flour(밀가루)
	Olive oil(올리브 오일)
	Salt(소금)
	Pepper(후추)

Jerusalem artichoke puree (돼지감자 퓌레)
200g	Jerusalem artichoke(돼지감자)
50g	Garlic(마늘)
30g	Butter(버터)
150ml	Fresh cream(생크림)
	Salt(소금)

Braised shallots & mushroom (브레이징 샬롯 & 버섯)
100g	Shallot(샬롯)
100g	Button mushroom(양송이버섯)
200ml	Red wine(레드 와인)
100ml	Beef stock(비프 스톡, page 401)
20ml	Red wine vinegar(레드 와인 식초)
20g	Butter(버터)
10g	Thyme(타임)
5g	Sugar(설탕)
	Salt(소금)
	Italian parsley(이탤리언 파슬리)
	Sorrel(쏘렐)
	Mustard leaves(청겨자 잎)
	Radicchio(라디치오)
	Beet leaves(비트 잎)
	Sage(세이지)

Method / 조리법

뵈프 부르기뇽 오븐을 180도로 예열하여 준비하고 사태살은 사방 60mm 크기로 잘라 소금, 후추로 밑간을 하고 밀가루를 전체에 골고루 묻혀 준비한다. 스튜용 냄비에 약간의 올리브 오일을 두르고 중불에 올린 후 베이컨을 20mm 크기로 잘라 기름이 빠지면 노릇해질 때까지 익혀준다. 베이컨의 색이 나면 건져내고 베이컨 기름이 있는 냄비에 준비된 사태살을 넣어 시어링(Searing)하고 건져낸다. 당근, 양파, 셀러리는 다이스 사이즈로 잘라 고기를 건져낸 냄비에 넣고 마늘도 추가하여 약불에서 채소들을 10분 정도 볶다가 토마토 페이스트를 넣고 5분 정도 더 볶는다. 채소가 준비된 냄비에 미리 익혀둔 베이컨과 사태살을 넣고 레드 와인을 부어 한번 끓어 오르면 비프 스톡을 넣어준다. 스톡이 끓기 시작하면 허브들을 넣고 뚜껑을 덮어 예열된 오븐에서 2시간 30분에서 3시간 정도 익혀준다. 사태살이 오븐에서 부드럽게 익혀지면 조심스럽게 건져내고 스톡의 채소와 찌꺼기는 시누

아에 걸러내어 소스 팬에 담아 소스형태의 농도가 될 때까지 조려서 준비한다.

돼지감자 퓌레 돼지감자는 껍질을 깨끗하게 제거하고 마늘도 껍질을 제거하여 통으로 준비한다. 냄비에 물을 넣고 끓이다가 준비된 돼지감자와 마늘을 넣고 완전히 익을 때까지 익혀준다. 익혀진 재료의 물기를 제거하여 블렌더에 넣고 버터와 생크림을 같이 넣어 모든 재료가 부드러운 퓌레가 되도록 갈아준다. 소금으로 간을 맞춰 준비한다.

브레이징 샬롯 & 버섯 소테 팬에 버터를 두르고 약불에서 녹인 후 샬롯과 버섯을 넣고 노릇하게 될 때까지 익혀준다. 색이 나면 설탕을 넣고 캐러멜라이징을 하고 레드 와인 식초를 넣어 1/2로 조려준다. 비프 스톡과 타임을 넣고 소스형태가 되도록 다시 1/3까지 조려주고 소금으로 간을 맞춰 준비한다.

To serve / 담기

소스 팬에 사태살과 소스를 넣고 조려낸 후 접시에 담아주고 돼지감자 퓌레는 스푼을 이용하여 모양을 잡아 올리고 퓌레 위로 브레이징된 샬롯과 버섯을 올려준다. 사이사이에 채소와 허브를 올려주고 뵈프 부르기뇽 위에는 다진 이탤리언 파슬리를 올려 마무리한다.

Roasted lamb loin chop with seaweed crust & cauliflower purée with red wine jus

해초 크러스트와 로스팅 램 로인 & 콜리플라워 퓌레와 레드 와인 쥬

Ingredients / 재료

300g	Lamb loin chop(양 등심)
	Olive oil(올리브 오일)
	Salt(소금)
	Pepper(후추)

Seaweed crust(해초 크러스트)

100g	Bread crumb(빵가루)
50g	Seaweed powder(해초가루)
30g	Dried Italian parsley (말린 이탈리언 파슬리)
20g	Dried mint(말린 민트)
50g	Butter(버터)

Cauliflower purée(콜리플라워 퓌레)

300g	Cauliflower(콜리플라워)
100ml	Milk(우유)
100ml	Chicken stock(치킨 스톡, page 401)
50g	Sour cream(사워크림)
30g	Butter(버터)
	Salt(소금)

	Shallot(샬롯)
	Golden enokitake(황금 팽이버섯)
	Red wine jus(레드 와인 쥬, page 289)
	Olive oil(올리브 오일)
	Salt, Pepper(소금, 후추)

	Sliced cauliflower (슬라이스 콜리플라워)
	Sorrel(쏘렐)

Method / 조리법

양 등심은 지방과 힘줄을 모두 제거하고 스테이크 실로 동그랗게 바인드하여 모양을 잡아주고 소금, 후추로 밑간을 한다. 오븐은 190도로 예열하고 프라이팬에 올리브 오일을 두른 후 바인드된 양 등심을 고루 돌려가며 미디엄 레어로 익혀주고 꺼내어 15분 동안 레스팅(Resting)한다. 레스팅이 끝나면 바인드하였던 실을 모두 제거하고 겉에 해초 크러스트를 돌려가며 묻히고 예열된 오븐에서 10분 정도 더 익혀서 준비한다.

해초 크러스트 모든 재료를 블렌더에 넣고 푸른색이 나도록 골고루 섞으면서 갈아 마무리한다.

콜리플라워 퓌레 콜리플라워를 큼직하게 조각내서 냄비에 넣고 모든 재료를 함께 추가해서 콜리플라워가 완전히 부드럽게 익을 때까지 익혀주고 푸드 프로세서에 넣고 소금 간을 하면서 고운 퓌레가 될 때까지 갈아서 준비한다.

황금 팽이버섯은 뿌리를 제거하고 샬롯은 손질하여 반으로 잘라 준비한다. 소테 팬에 올리브 오일을 두르고 준비된 버섯과 샬롯을 구워주고 레드 와인 쥬를 채소들이 잠길 정도로 채운 다음 약불에서 천천히 조리면서 소금, 후추로 간을 맞춰 준비한다.

To serve / 담기

콜리플라워 퓌레를 접시에 올리고 스크레이퍼를 이용하여 펴서 발라준다. 오븐에서 꺼낸 양 등심을 적당한 크기로 잘라 올려주고 얇게 슬라이스된 콜리플라워도 같이 올려준다. 소테 팬에 브레이징된 버섯과 샬롯을 올리고 레드 와인 쥬도 추가한 후 쏘렐을 올려 마무리한다.

Beef tartare with green tea crème fraiche & rape flowers on quail egg yolk & capers on mugwort wasabi cream

비프 타르타르와 녹차 크렘 프레슈 & 유채꽃과 메추리알 노른자 & 쑥 와사비 크림과 케이퍼

Ingredients / 재료

Beef tartare(비프 타르타르)

200g	Beef tenderloin(소고기 안심)
10g	Shallot(샬롯)
10g	Cornichon(코르니숑)
50g	Egg yolk(달걀 노른자)
5g	Chive(차이브)
10ml	Lemon juice(레몬 즙)
5g	Dijon mustard(디종 머스터드)
	Extra virgin olive oil (엑스트라 버진 올리브 오일)
	Salt, Pepper(소금, 후추)

Green tea crème fraiche (녹차 크렘 프레슈)

100g	Crème fraiche (크렘 프레슈, page 220)
30g	Green tea powder(녹차가루)
10g	Lemon juice(레몬 즙)

Mugwort wasabi cream(쑥 와사비 크림)

50g	Fresh wasabi pesto (생와사비 페스토)
20g	Mugwort powder(쑥가루)
30g	Mayonnaise(마요네즈, page 400)
30g	Sour cream(사워크림)
	Quail egg yolk(메추리알 노른자)
	Rape flower(유채꽃)
	Deep fried capers(튀긴 케이퍼)
	Parmesan cheese tuile (파마산 치즈 튀일)
	Cider vinegar reduction (사이더 식초 리덕션, page 400)
	Truffle balsamic reduction (트러플 발사믹 리덕션, page 400)
	Chervil(처빌)
	Dill(딜)

Method / 조리법

비프 타르타르 안심 살은 막을 제거한 뒤 브뤼누아즈 크기로 잘라 준비하고 샬롯, 코르니숑과 차이브는 잘게 다져준다. 믹싱 볼에 잘라서 준비된 재료들을 모두 넣고 노른자, 레몬 즙과 올리브 오일을 추가하여 모든 재료가 잘 섞이도록 버무리고 소금, 후추로 간을 맞춰서 준비한다.

녹차 크렘 프레슈 믹싱 볼에 크렘 프레슈를 넣고 위스크로 고운 거품이 날 때까지 잘 젓다가 녹차가루와 레몬 즙을 부려가면서 골고루 섞어서 준비한다.

쑥 와사비 크림 마요네즈, 사워크림과 쑥가루를 믹싱 볼에 넣고 골고루 섞다가 생와사비 페스토를 넣고 섞어서 준비한다.

To serve / 담기

비프 타르타르를 사각 틀을 이용해서 접시에 담고 옆으로 녹차 크렘 프레슈를 올려준다. 접시 주변으로 사이다 식초와 트러플 발사믹 리덕션을 찍어주듯 올려준다. 타르타르 위에 메추리알 노른자를 놓은 후 유채꽃을 올려주고 준비된 와사비 크림도 타르타르 위에 올려주고 튀긴 케이퍼와 파마산 튀일도 함께 올려준다. 처빌과 딜을 올려 마무리한다.

Rolled beef chuck flap with scallion & mushroom ash, mashed potato with cactusfruit

스캘리언 & 머시룸 애시 살치살과 백년초 매시트포테이토

Ingredients / 재료

500g	Beef chuck flap(살치살)
	Salt(소금)
	Pepper(후추)
	Olive oil(올리브 오일)

Scallion & mushroom ash
(스캘리언 & 머시룸 애시)

200g	Large green onion(대파)
200g	Shiitake mushroom(표고버섯)
10g	Coriander(고수)
5g	Cumin(커민)
	Olive oil(올리브 오일)
	Salt(소금)
	Pepper(후추)

Carrot confit(당근 콩피)

100g	Carrot(당근)
60g	Butter(버터)
50ml	White wine(화이트 와인)
20g	Lemon(레몬)
20g	Sugar(설탕)
	Salt(소금)

Mashed potato with cactusfruit
(백년초 매시트포테이토)

200g	Potato(감자)
50g	Butter(버터)
50ml	Fresh cream(생크림)
10g	Cactus fruit powder(백년초가루)
50g	Parmesan cheese(파마산 치즈)
	Shallot(샬롯)
	Sorrel(쏘렐)
	Oregano(오레가노)
	Chervil(처빌)
	Baby basil(미니 바질)

Method / 조리법

살치살은 10~30mm 크기로 길게 썰어 손질하고 소금, 후추로 간을 하여 뜨겁게 달궈진 주물 팬에서 겉면을 시어링(Searing)하여 준비한다.

스캘리언 & 머시룸 애시 대파는 흰 부분만 손질하여 약한 불의 팬에 올려 스모크하듯이 뚜껑을 덮고 전체가 검게 될 때까지 구워준다. 버섯은 얇게 슬라이스하여 올리브 오일과 함께 팬에 익혀 준비한다. 푸드 프로세서에 준비된 모든 재료와 함께 고수, 커민을 넣어 갈아주고 소금, 후추로 간을 한다.

당근 콩피 당근은 큐브 사이즈로 손질하여 모든 재료를 팬에 넣고 140도의 오븐에서 1시간 정도 익히고 당근만 건져 블렌더에 갈아 준비한다.

백년초 매시트포테이토 감자는 오븐에 구워 속을 파낸 후 버터, 생크림과 치즈를 넣고 한 번 더 익힌 후에 반을 블렌더에 넣어 부드럽게 갈아주고 나머지 반도 백년초가루와 함께 갈아서 준비한다.

준비된 애시를 살치살에 발라 쿠킹 호일로 말아 180도 오븐에서 5분 정도 익혀주고 10분 정도 레스팅(Resting)을 진행한다.

To serve / 담기

애시와 구워진 살치살을 조심스럽게 잘라 쿠킹 호일을 잘 제거한 후 담아준다. 두 가지의 매시트포테이토를 접시에 깔아주고 샬롯은 그릇 모양이 되도록 잘라 구워서 당근 콩피와 애시를 채워 접시에 올린다. 허브를 올려 마무리한다.

Sous vide pork belly with potato sour cream & port wine sauce

저온 조리한 돼지 삼겹살과 포테이토 사워크림 & 포트 와인 소스

Ingredients / 재료

400g   Pork belly(돼지 삼겹살)

Brine(브라인)
1000ml   Water(물)
50g   Salt(소금)
10g   Sugar(설탕)
20g   Thyme(타임)
10g   Whole peppercorns(통후추)

Potato sour cream(포테이토 사워크림)
100g   Potato(감자)
30g   Sour cream(사워크림)
50ml   Fresh cream(생크림)
30g   Butter(버터)
         Salt(소금)

Port wine sauce(포트 와인 소스)
200ml   Port wine(포트 와인)
500ml   Brown chicken stock
         (브라운 치킨 스톡, page 400)
50g   Celery(셀러리)
50g   Shallot(샬롯)
30g   Garlic(마늘)
20g   Thyme(타임)
         Olive oil(올리브 오일)
         Salt, Pepper(소금, 후추)

         Beech mushroom(만가닥버섯)
         Shiitake(표고버섯)
         Olive oil(올리브 오일)
         Salt(소금)

         Sorrel(쏘렐)
         Maldon salt(맬든 소금)

Method / 조리법

통삼겹살을 껍질이 있는 것으로 잘 손질해서 60mm 크기로 길게 잘라 준비한다. 용기에 브라인(Brine) 재료를 모두 넣고 소금, 설탕을 잘 녹인 후 손질된 삼겹살을 넣고 냉장고에 넣어 하루 정도 숙성하여 준다. 진공 팩에 브라인을 마친 삼겹살을 넣어 진공포장해 주고 수비드 머신을 65도로 맞춰서 20시간 동안 저온으로 익혀준다. 저온에서 익힌 삼겹살을 진공 팩에서 꺼내어 페이퍼 타월로 닦아주고 냉장고에 넣어 하루 정도 굳혀준다. 프라이팬을 중불에 올려주고 삼겹살을 30mm로 잘라 껍질부분을 먼저 올리고 뒤집어주면서 노릇하게 익혀 준비한다.

포테이토 사워크림 감자를 스티머에 넣고 익혀서 껍질을 제거하고 블렌더에 넣어 크림과 버터를 넣고 부드러운 크림형태가 될 때까지 갈아준다. 사워크림을 추가해서 갈아주고 소금으로 간을 맞춰 준비한다.

포트 와인 소스 중불에 소스 팬을 올려 올리브 오일을 두르고 셀러리, 샬롯과 마늘을 다져 넣고 5분 정도 익혀준다. 채소들이 바닥에 붙으면서 익기 시작하면 포트 와인과 타임을 넣고 데글레이즈한 후 1/2까지 조려준다. 다른 소스 팬으로 시누아를 이용하여 걸러서 옮겨 담아주고 브라운 치킨 스톡을 함께 부어 소스의 형태가 되도록 1/2까지 조린 후 소금과 후추로 간을 맞춰 완성한다.

강불에 프라이팬을 올려 올리브 오일을 두르고 만가닥과 표고 버섯을 소금 간을 맞춰가며 익혀서 준비한다.

To serve / 담기

접시에 포테이토 사워크림을 스푼으로 모양내어 놓고 삼겹살을 올려준다. 익힌 버섯을 주변에 놓고 포트 와인 소스를 부려준다. 쏘렐을 주변에 올려주고 삼겹살 위에 맬든 소금을 놓아 마무리한다.

Mac n cheese with ham hock & Kimchi

햄 혹과 김치를 넣은 맥 앤 치즈

Ingredients / 재료

300g	Ham hock(돼지 족발)
50g	Celery(셀러리)
5g	Thyme(타임)
20g	Garlic(마늘)
	Salt, Pepper(소금, 후추)

300g	Macaroni(마카로니)
	Salt(소금)
	Olive oil(올리브 오일)
	Italian parsley(이탈리언 파슬리)

200g	Aged Kimchi(묵은 김치)
	Butter(버터)

Cheese sauce(치즈 소스)

30g	Flour(밀가루)
600ml	Milk(우유)
100ml	Double cream(더블크림)
120g	Cheddar cheese(체더치즈)
80g	Parmesan cheese(파마산 치즈)
	Butter(버터)
	Pepper(후추)

	Gruyere(그뤼에르 치즈)
	Watercress(워터크레스)
	Arugula flower(루콜라꽃)

Method / 조리법

돼지 족발을 2시간 정도 찬물에 담가 핏물을 제거한다. 큰 냄비에 족발, 셀러리, 타임, 마늘과 함께 약간의 소금과 후추를 넣고 넉넉하게 물을 채워 중불에 올린 후 끓기 시작하면 약불로 줄이고 3시간 이상 푹 삶아준다. 족발의 살이 부드럽게 삶아지면 꺼내어 식힌 뒤 살 부위만 추려내고 잘게 다져서 준비한다.

마카로니는 끓는 물에 약간의 소금과 올리브 오일을 넣고 8분 정도 익힌 후 찬물에 헹궈주고 물기를 제거한 뒤 약간의 올리브 오일을 부려 서로 붙지 않도록 준비한다.

치즈 소스 소스 팬에 버터와 밀가루를 넣고 잘 섞어주며 익히다가 우유와 크림을 넣고 베샤멜 소스 형태를 만들어준다. 여기에 체더와 파마산 치즈를 넣어 잘 섞이도록 저어준 후 약간의 후추를 넣어 준비한다.

김치의 양념이 모두 제거되도록 물에 깨끗하게 헹궈주고 물기를 꼭 짠 후 잘게 다져 준비한다. 소스 팬에 약간의 버터를 두르고 준비된 김치를 넣고 5분 정도 볶아서 준비한다.

믹싱 볼에 손질된 족발, 마카로니, 볶은 김치와 약간의 이탈리언 파슬리를 다져서 넣고 잘 섞어준다. 동냄비 안에 섞인 재료들이 절반 정도 채워지도록 담아주고 그 위에 준비된 치즈 소스를 부어서 채워준다. 그뤼에르 치즈를 소스 위에 뿌린 후 180도의 오븐에 넣어 15분 정도 익혀주고 치즈의 색이 노릇해지면 꺼내어 준비한다.

To serve / 담기

동냄비를 접시 위에 올려주고 워터크레스와 루콜라꽃을 올려 마무리한다.

생각하고 연구해야 하며
최종적으로
고객에게 감동을 주는
맛의 추억이 되어야 한다.

Herb roasted bone marrow with sea urchin

허브와 구워낸 본 매로와 말똥성게

Ingredients / 재료

400g	Bone marrow(본 매로)
10ml	Lemon juice(레몬 즙)
5g	Rosemary(로즈메리)
5g	Thyme(타임)
5g	Italian parsley(이탤리언 파슬리)
	Salt, Pepper(소금, 후추)

Sea urchin(말똥성게)

Marigold(메리골드)
Calendula(컬렌듈라)
Rosemary(로즈메리)
Thyme(타임)
Sage(세이지)
Marjoram(마조람)
Dill seeds(딜 시드)
Pink salt(핑크 소금)

Method / 조리법

본 매로는 가로로 길게 카누 컷(canoe-cut)을 하고 염도 1%의 물에 담가 2일 동안 냉장고에 넣고 3~4차례 물을 바꿔주며 핏물을 제거한다. 오븐을 220도로 예열하고 핏물이 제거된 본 매로를 꺼내 페이퍼 타월로 물기를 완전히 제거한다. 오븐 팬에 본 매로의 단면이 위를 향하도록 놓고 모든 허브를 곱게 다져 뿌려준다. 소금, 후추를 뿌려주고 오븐에 넣어 골수 부분이 너무 익지 않고 노릇하게 익도록 15분 정도 확인하며 익혀서 준비한다.

To serve / 담기

접시 위에 핑크 소금을 뿌려 담고 그 위에 본 매로를 올려 담는다. 익혀진 골수 위로 말똥성게를 올려주고 컬렌듈라와 메리골드 꽃잎을 놓고 허브들을 주위에 놓아 마무리한다.

Jeju horse tartare with fresh figs & dried cactusfruit powder

제주 말고기 타르타르와 무화과 & 백년초파우더

Ingredients / 재료

200g	Horse tenderloin(말고기 안심 살)
10ml	Worcestershire sauce(우스터 소스)
	Salt, Pepper(소금, 후추)
	Extra virgin olive oil
	(엑스트라 버진 올리브 오일)

Basil oil(바질 오일)

200g	Basil(바질)
100ml	Extra virgin olive oil
	(엑스트라 버진 올리브 오일)
	Salt(소금)

1개	Egg yolk(달걀 노른자)
1개	Fig(무화과)
20g	Dijon mustard(디종 머스터드)
10g	Red onion(적양파)
10g	Yellow tomato(노란 토마토)
10g	Caper(케이퍼)
10g	Pomodori secchi(뽀모도리 세키)
5g	Grana padano(그라나 파다노)

Cactusfruit powder(백년초가루)
Oak leaf lettuce(오크잎 레터스)
Oregano(오레가노)
Dill(딜)
Pea tendril(콩 싹)
Dandelion flower(단델리온꽃)
Viola flower(비올라꽃)
Stoke flower(스토크꽃)

Method / 조리법

말고기 안심을 민스로 준비하여 믹싱 볼에 넣고 우스터 소스와 올리브 오일을 넣은 후 소금, 후추로 약간의 밑간을 하고 잘 버무려서 준비한다.

바질 오일 끓는 물에 소금을 약간 넣고 바질잎을 넣어 2~3초 후에 바로 얼음물에 건져 넣는다. 물기를 완전히 제거하고 블렌더에 넣어 1분 정도 잘 갈아준 후 시누아에 걸러 허브오일을 준비한다.

무화과는 껍질을 제거한 뒤 다이스 크기로 준비하고 적양파, 노란 토마토, 뽀모도리 세키는 스몰 다이스로 준비한다. 그라나 파다노는 그레이터에 갈아주고 허브와 꽃잎들도 따서 준비한다.

To serve / 담기

접시 위에 1/3 정도 작은 크기의 접시를 올리고 체에 백년초가루를 내려 뿌리면서 테두리에 링모양을 만들어준다. 중앙에 디종 머스터드를 올리고 컵 밑부분으로 찍어 모양을 만들고 가장자리에 말고기, 무화과와 함께 다져서 준비한 재료들을 놓아준다. 케이퍼와 그라나 파다노도 둥근 모양이 되도록 담아준다. 가장자리에 놓인 재료들 위로 허브와 꽃잎을 놓고 가운데 있는 디종 머스터드 위로 달걀 노른자와 바질 오일을 올려주고 꽃잎들을 놓아 마무리한다.

Steak of beef tenderloin with sugar pie pumpkin puree

안심 스테이크와 슈거파이 호박 퓌레

Ingredients / 재료

200g	Beef tenderloin(소고기 안심)
10g	Thyme(타임)
10g	Rosemary(로즈메리)
	Butter(버터)
	Olive oil(올리브 오일)
	Salt, Pepper(소금, 후추)

Sugar pie pumpkin puree
(슈거파이 호박 퓌레)

200g	Sugar pie pumpkin(슈거파이 호박)
60g	Butter(버터)
50ml	Fresh cream(생크림)
	Salt(소금)

Red wine jus(레드 와인 쥬)

200ml	Red wine(레드 와인)
200ml	Port wine(포트 와인)
800ml	Beef stock(비프 스톡, page 401)
30g	Butter(버터)

80g	Watermelon radish(수박무)
50g	Baby carrot(미니 당근)
50g	Asparagus(아스파라거스)
300ml	Vegetable stock
	(베지터블 스톡, page 402)
	Butter(버터)
	Salt(소금)

100g	Potato(감자)
	Butter(버터)
	Salt(소금)
	Nasturtium leaves & flower
	(한련화 잎 & 꽃)
	Sorrel(쏘렐)
	Basil herb oil(바질 허브오일, page 287)

Method / 조리법

안심은 조리용 끈으로 묶어 소금, 후추로 밑간하여 준비한다. 오븐을 200도로 예열하고 중불에 아이언 팬을 올려 올리브 오일을 두른 후 열이 오르면 밑간된 안심을 올리고 한쪽 면을 2분 정도 익혀준다. 반대로 뒤집어서 허브와 버터를 넣고 아로제(Arroser)를 하며 2분 정도 더 익혀주다가 오븐에 넣고 5분 정도 더 익혀서 꺼낸다. 안심을 아이언 팬에서 꺼내 15분 정도 레스팅(Resting)을 진행하며 준비한다.

슈거파이 호박 퓌레 호박을 쿠킹 호일로 싸서 예열된 오븐에 넣고 1시간 익혀준 후 반으로 잘라 씨를 제거하고 스푼으로 호박 속만 파낸다. 블렌더에 호박 속과 함께 버터와 크림을 넣어 곱게 갈아주고 소금의 간을 맞춰 준비한다.

레드 와인 쥬 소스 포트에 레드 와인과 포트 와인을 넣고 중불로 1/2까지 조려주고 비프 스톡을 부어 다시 1/2로 조려주면서 소스의 농도가 나오기 시작하면 버터를 넣어 소스를 완성한다.

소스 팬에 베지터블 스톡과 버터, 소금을 넣고 약불로 끓인 뒤 원형 틀을 이용하여 수박무를 10mm 두께로 모양을 내고 아스파라거스와 미니 당근은 껍질을 제거하고 손질하여 수박무와 함께 스톡에 넣고 5분 정도 익혀 준비한다. 사탕무와 같은 모양으로 감자를 손질하고 약불에 프라이팬을 올리고 버터와 감자를 익혀 준비한다.

To serve / 담기

스푼을 이용하여 적당량의 슈거파이 호박 퓌레를 올려주고 구운 감자와 함께 아스파라거스, 미니 당근과 수박무도 올려준다. 레스팅(Resting)을 마친 안심을 올려주고 레드 와인 쥬를 곁들여준다. 한련화 잎과 꽃을 올리고 쏘렐과 바질 허브오일을 부려 마무리한다.

Beef wellington with truffle duxelles & beef demi-glace

트러플 뒥셀 비프 웰링턴 & 비프 데미글라스

Ingredients / 재료

2장	Puff pastry dough (퍼프 페스트리 도우)
300g	Beef tenderloin(소고기 안심)
30g	Parma ham(파르마 햄)
	Dijon mustard(디종 머스터드)
1개	Egg(달걀)
	Salt, Pepper(소금, 후추)

Duxelles(뒥셀)

150g	Botton mushroom(양송이버섯)
100g	Shiitake(표고버섯)
50g	Shallot(샬롯)
20g	Thyme(타임)
10g	Sage(세이지)
5g	Balck truffle(블랙 트러플)
10ml	Truffle oil(트러플 오일)
20g	Butter(버터)
	Olive oil(올리브 오일)
	Salt, Pepper(소금, 후추)

Beef demi-glace(비프 데미글라스)

100ml	Red wine(레드 와인)
1,000ml	Beef stock(비프 스톡, page 401)
20g	Sugar(설탕)
	Salt(소금)
	Thyme(타임)
	Sage(세이지)
	Rosemary(로즈메리)
	Italian parsley(이탈리언 파슬리)

Method / 조리법

뒥셀 양송이와 표고버섯은 깨끗하게 손질하여 블랙 트러플과 함께 블렌더에 넣고 갈아준다. 약불의 프라이팬에 올리브 오일, 샬롯과 함께 타임과 세이지 잎을 다져서 넣고 3분 정도 익힌 뒤 버터를 넣어 녹여준다. 프라이팬에 갈아서 준비된 버섯을 넣고 수분 없이 10분 정도 익히다가 트러플 오일을 넣고 섞어준 후 소금, 후추로 간을 맞춰 준비한다.

오븐은 180도로 예열하여 준비한다. 소고기 안심은 손질 후 조리용 끈을 이용하여 원형으로 묶고 소금, 후추로 밑간을 한다. 중불에 프라이팬을 올려 올리브 오일을 두르고 안심이 전체적으로 색이 나도록 시어링하여 준비한다. 시어링이 마무리되면 안심에 전체적으로 디종 머스터드를 발라주고 한쪽에 식혀 준비한다. 도마에 랩을 깔고 그 위에 안심을 싸줄 수 있을 만큼의 넓이로 파르마 햄을 펼쳐 뒥셀을 같은 크기로 펼쳐 발라준다. 식힌 안심을 뒥셀 위에 올리고 랩을 이용하여 안심을 감싸면서 말아준다. 그 상태로 냉장고에 30분 정도 넣어 식혀서 모양을 잡아 준비한다. 안심이 굳어지면 랩을 제거한 뒤 페스트리 도우 위에 올리고 가장자리에 달걀물을 묻힌 후 나머지 페스트리 도우로 감싸 원형 틀로 찍어 모양을 잡아준다. 도우 위로 달걀물을 바르고 칼집 모양을 낸 후 오븐에 넣고 25분 정도 익힌 뒤 10분 정도 레스팅(Resting)을 진행하여 완성한다.

비프 데미글라스 중불의 소스 팬에 레드 와인을 넣어 1/2까지 조려주고 비프 스톡을 넣어 1/3까지 조려준다. 프라이팬에 설탕을 넣고 중불에 올려 진갈색으로 캐러멜을 만든 후에 조려진 스톡에 함께 넣어준다. 소스형태로 조려지면 소금으로 간을 맞춰 준비한다.

To serve / 담기

레스팅(Resting)이 마무리된 웰링턴을 반으로 잘라 접시 위에 올려주고 허브를 다발로 만들어 옆에 올려준다. 비프 데미글라스를 부어 마무리한다.

Oven roasted bone in pork chop with cherry tomatoes, eggplant chutney & honey black garlic sauce

체리토마토를 올려 구운 돼지 뼈 등심과 가지 처트니 & 흑마늘 허니 소스

Ingredients / 재료

300g	Bone in pork chop(돼지 뼈 등심)
50g	Cherry tomatoes(체리토마토)
	Butter(버터)
	Olive oil(올리브 오일)
	Salt, Pepper(소금, 후추)

Eggplant chutney(가지 처트니)

100g	Eggplant(가지)
50g	Onion(양파)
	Thyme(타임)
20ml	Lemon juice(레몬 즙)
	Olive oil(올리브 오일)
	Salt, Pepper(소금, 후추)

Black garlic honey sauce (흑마늘 허니 소스)

50g	Black garlic(흑마늘)
200ml	Balsamic vinegar(발사믹 식초)
300ml	Red wine(레드 와인)
150ml	Honey(꿀)
50ml	Lemon juice(레몬 즙)
	Whole peppercorns(통후추)
	Rosemary(로즈메리)
	Salt(소금)
	Chive(차이브)
	Arugula flower(루콜라꽃)
	English lavender flower (잉글리시 라벤더꽃)

Method / 조리법

오븐을 180도로 예열하여 준비하고 돼지 등심은 뼈 부분을 깨끗하게 손질한 후 소금, 후추로 밑간한 다음 그릴 위에 올려 뒤집어가며 5분 정도 익혀준다. 등심을 오븐 팬에 올리고 약간의 버터를 올려 발라준 후 체리토마토를 얇게 잘라 등심 위에 동그랗게 올려준다. 오븐에 넣고 10분 정도 익힌 뒤 5분 정도 레스팅(Resting)을 진행하여 준비한다.

가지 처트니 180도로 예열된 오븐에 가지를 통으로 넣고 30분 정도 익힌 후에 꺼내어 껍질을 벗기고 다져서 준비한다. 중불에 소스 팬을 올리고 올리브 오일을 두른 후 양파를 슬라이스하여 약간의 타임과 함께 넣고 캐러멜라이징한다. 캐러멜라이징이 마무리되면 다져서 준비된 가지와 레몬 즙을 넣고 잘 섞으면서 5분 정도 더 익혀주고 소금, 후추로 간을 맞춰 처트니를 완성한다.

흑마늘 허니 소스 중불에 소스 포트를 올리고 발사믹 식초와 함께 흑마늘을 넣어 1/2까지 조려준다. 포트 와인과 통후추, 로즈메리를 넣고 다시 1/2까지 조려준다. 꿀과 레몬 즙을 넣고 10분 정도 더 조려준 후 핸드 블렌더로 갈아 소금으로 간을 맞추고 시누아에 걸러 소스를 준비한다.

To serve / 담기

커넬 스푼으로 모양을 잡아 가지 처트니를 접시에 올리고 루콜라꽃과 잉글리시 라벤더꽃을 반반씩 올려준다. 레스팅이 마무리된 뼈 등심을 한쪽에 올려주고 흑마늘 허니 소스도 놓아준다. 후추와 함께 차이브를 잘게 썰어 뿌려서 마무리한다.

Stuffed Ox tail tortelloni with Ox tail consommé

소 꼬리 토르텔로니와 소 꼬리 콩소메

Ingredients / 재료

Tortelloni(토르텔로니)

100g	Pasta dough(파스타 도우, page 400)
600g	OX tail(소 꼬리)
800ml	Veal stock (빌 스톡, page 401)
80g	Carrot(당근)
100g	Onion(양파)
80g	Celery(셀러리)
30g	Garlic(마늘)
20g	Italian parsley(이탤리언 파슬리)
20g	Thyme(타임)
200g	Whole tomato(토마토 홀)
200ml	Red wine(레드 와인)
	Olive oil(올리브 오일)
	Salt, Pepper(소금, 후추)

Ox tail consommé(소 꼬리 콩소메)

500g	Ox tail(소 꼬리)
100g	Onion(양파)
50g	Carrot(당근)
50g	Celery(셀러리)
20g	Italian parsley(이탤리언 파슬리)
10g	Whole peppercorns(통후추)
100ml	Sherry wine(셰리 와인)
700ml	Veal stock(빌 스톡, page 401)
	Salt(소금)
	Pansy(팬지)
	Borage flower(보리지꽃)
	Watercress(워터크레스)
	Extra virgin olive oil (엑스트라 버진 올리브 오일)

Method / 조리법

토르텔로니 소 꼬리를 40mm 크기로 자른 후 물에 담가 냉장고에 넣어 10시간 이상 핏물을 제거한 뒤 건져 물기를 제거한다. 중불에 브레이징 팬을 올리고 올리브 오일을 두른 후 소 꼬리를 올려 전체적으로 시어링을 하고 당근, 양파, 셀러리와 마늘을 썰어 넣고 10분 정도 함께 익혀준다. 레드 와인을 부어 데글레이징하고 빌 스톡과 타임을 넣고 뚜껑을 덮은 후 약불로 줄이고 3시간 정도 시머링(Simmering)을 하여 익혀준다. 3시간 후 소 꼬리는 건져내고 스톡은 시누아에 걸러준다. 소 꼬리의 뼈와 살을 분리하여 다져주고 소스 포트에 걸러진 스톡과 살을 넣어 끓여준다. 토마토 홀을 손으로 으깨서 소스 포트에 함께 넣어주고 라구의 형태가 될 때까지 졸여준다. 이탤리언 파슬리를 다져 넣고 소금으로 간을 맞춘 후 식혀서 윗부분에 떠 있는 지방을 걷어내어 준비한다.

파스타 머신과 롤러를 이용하여 파스타 도우를 밀어 지름 80mm 크기의 원형으로 만들고 가운데 준비된 소 꼬리 속을 채워서 토르텔로니를 만들고 끓는 물에 약간의 소금과 올리브 오일을 넣고 5분 정도 익혀서 준비한다.

소 꼬리 콩소메 오븐을 190도로 예열하고 핏물을 빼서 준비된 소 꼬리를 넣고 30분 정도 익혀준다. 소 꼬리의 기름이 빠지면서 색이 나기 시작하면 양파, 당근, 셀러리를 적당한 크기로 잘라서 함께 넣고 10분 정도 더 익혀준다. 소스 포트에 구워진 소 꼬리, 채소와 통후추를 넣어 중불에 올리고 셰리 와인을 함께 부어 3분 정도 끓인 후에 빌 스톡을 넣어 약불에서 5시간 정도 시머링(Simmering)하여 졸여준다. 걸쭉한 형태로 졸여지면 소금으로 간을 맞추고 시누아에 걸러 콩소메를 준비한다.

To serve / 담기

수프 볼에 익힌 토르텔로니를 올리고 콩소메를 적당히 부어준다. 팬지, 보라지꽃과 워터크레스를 올려주고 가장자리에 엑스트라 버진 올리브 오일을 뿌려 마무리한다.

Lamb shoulder stew with mushroom lamb pan sauce

양 어깨 살 스튜와 머시룸 램 팬 소스

Ingredients / 재료

Lamb stew(양고기 스튜)

300g	Lamb shoulder(양 어깨 살)
50g	Bacon(베이컨)
80g	Onion(양파)
10g	Garlic(마늘)
30g	Carrot(당근)
60ml	Red wine(레드 와인)
500ml	Veal stock(빌 스톡, page 401)
30g	Thyme(타임)
20g	Italian parsley(이탤리언 파슬리)
	Flour(밀가루)
	Olive oil(올리브 오일)
	Salt, Pepper(소금, 후추)

Lamb pan sauce(램 팬 소스)

	Stock from lamb stew (양고기 스튜 스톡)
100ml	Veal stock(빌 스톡, page 401)
50ml	Red wine(레드 와인)
	Shiitake(표고버섯)
	Salt(소금)
	Chive(차이브)
	Borage flower(보리지꽃)
	Arugula flower(루콜라꽃)

Method / 조리법

양고기 스튜 양 어깨 살을 30mm 크기로 잘라 소금, 후추로 밑간하여 약간의 밀가루를 뿌려 묻혀서 준비한다. 중불에 브레이징 팬을 올리고 올리브 오일과 베이컨을 잘라서 넣고 베이컨의 기름이 빠지고 노릇하게 익으면 한쪽으로 건져낸다. 준비된 양고기를 베이컨 기름이 있는 팬에 넣어 뒤집어가면서 겉이 색이 나도록 익혀주고 베이컨과 함께 한쪽에 건져내 준비한다. 양파, 마늘과 당근을 다져서 팬에 넣고 소테하면서 5분 정도 익혀주고 레드 와인을 부어 데글레이징한다. 한쪽에 건져낸 양고기와 베이컨을 넣어주고 빌 스톡과 타임을 넣어 끓이다가 뚜껑을 덮고 200도로 예열된 오븐에 넣어 2시간 정도 익혀 스튜를 만든다. 스튜가 완성되면 양고기만 건져내고 스톡은 시누아에 걸러서 팬 소스에 활용한다. 양고기는 소금, 후추로 간을 맞추고 이탤리언 파슬리를 다져서 함께 넣고 섞어서 준비한다.

램 팬 소스 소스 팬에 레드 와인, 빌 스톡과 함께 표고버섯을 다져 넣어 약불로 끓여 1/2로 졸이고 준비된 양 스튜 스톡을 넣어 5분 정도 더 끓여준다. 소스 팬의 불을 끄고 팽이버섯을 바싹하게 튀긴 후 소스에 함께 넣어준 후 소금으로 간을 맞춰 완성한다.

To serve / 담기

볼 접시에 튀긴 팽이버섯과 함께 준비된 소스를 올리고 그 위에 양고기 스튜를 둥글게 뭉쳐서 올려준다. 차이브를 잘라 소스 위에 올려주고 루콜라꽃도 올려준다. 보리지꽃을 양고기 위에 올려 마무리한다.

Steak of beef striploin & truffle with mustard asparagus

채끝 소고기 스테이크 & 트러플과 머스터드 아스파라거스

Ingredients / 재료

200g Beef striploin(채끝 등심)
      Salt, Pepper(소금, 후추)

Truffle asparagus(트러플 아스파라거스)
100g Asparagus(아스파라거스)
30g   Summer truffle(서머 트러플)
30g   Wholegrain mustard
      (홀그레인 머스터드)
      Dijon mustard(디종 머스터드)
      Extra virgin olive oil
      (엑스트라 버진 올리브 오일)
      Salt(소금)

      Beef demi glace sauce
      (비프 데미글라스 소스, page 291)
      Maldon salt(맬든 소금)

Method / 조리법

채끝 등심의 근막을 제거하고 소금, 후추로 밑간하여 준비한다. 오븐을 200도로 예열하고 중불에 아이언 팬을 올려 올리브 오일을 두른 후 열이 오르면 밑간된 채끝 등심을 올리고 한쪽 면을 3분 정도 익혀준다. 뒤집어서 반대쪽도 2분 정도 익혀주고 적당량의 버터를 넣고 아로제(Arroser)하며 2분 정도 더 익혀주다가 오븐에 넣은 후 3분 정도 더 익혀준다. 아이언 팬에서 꺼내 10분 정도 레스팅(Resting)을 진행하며 준비한다.

트러플 아스파라거스 끓는 물에 아스파라거스를 데친 후 믹싱 볼에 큐브 모양으로 자른 서머 트러플과 함께 넣어준다. 홀그레인 머스터드, 디종 머스터드와 약간의 엑스트라 버진 올리브 오일을 넣어 함께 섞어주고 소금으로 간을 맞춰 준비한다.

To serve / 담기

접시에 트러플 아스파라거스와 약간의 디종 머스터드를 올려준다. 레스팅(Resting)이 마무리된 채끝 등심을 2등분하여 올려주고 비프 데미글라스를 곁들인 후 맬든 소금을 약간 올려 마무리한다.

Baked eggplant with braised lamb shank & tomato jam

오븐에 구운 가지와 브레이징 양 정강이 & 토마토잼

Ingredients / 재료

Braised lamb shank(브레이징 양 정강이)

500g	Lamb shank(양 정강이)
50g	Onion(양파)
50g	Carrot(당근)
50g	Celery(셀러리)
10g	Garlic(마늘)
5g	Oregano(오레가노)
5g	Thyme(타임)
200ml	Red wine(레드 와인)
500ml	Veal stock(빌 스톡, page 401)
	Olive oil(올리브 오일)
	Salt, Pepper(소금, 후추)
	Grana padano cheese (그라나 파다노 치즈)

Baked eggplant(구운 가지)

2개	Eggplant(가지)
	Thyme(타임)
	Olive oil(올리브 오일)
	Salt(소금)

Tomato jam(토마토잼)

200g	Tomato(완숙토마토)
80ml	Apple cider vinegar (애플 사이더 식초)
10g	Garlic(마늘)
5g	Ginger(생강)
	Paprika seasoning(파프리카 시즈닝)
	Nutmeg(너트맥)
	Salt(소금)

	Carrot puree(당근 퓌레, page 157)
	Baby basil(미니 바질)
	Extra virgin olive oil (엑스트라 버진 올리브 오일)

Method / 조리법

브레이징 양 정강이 양 정강이는 용기에 담아 물을 채워 냉장고에 넣고 하루 정도 핏물을 제거한다. 핏물이 제거되면 물기를 제거하고 지방과 근막을 제거하여 준비한다. 브레이징 팬을 중불에 올리고 올리브 오일과 함께 양파, 당근, 셀러리를 큼직하게 잘라 넣고 갈색이 날 때까지 익혀주다가 마늘을 넣고 5분 정도 더 익혀준다. 채소들이 골고루 색이 나면 손질된 양 정강이 살을 넣고 레드 와인을 부어 데글레이즈한다. 레드 와인과 재료가 끓기 시작하면 빌 스톡과 타임을 넣고 뚜껑을 덮어 약불로 줄인 후에 2시간 정도 천천히 익혀준다. 양 정강이 살이 부드럽게 익으면 꺼내 식히고 살결대로 작게 찢어 준비한다. 브레이징 팬에 남아 있는 스톡은 시누아에 걸러주고 다른 브레이징 팬에 옮긴 후 손질된 양 정강이 살을 넣고 스톡과 함께 약불로 천천히 졸여서 소금과 후추로 간을 맞춰 준비한다.

구운 가지 오븐을 180도로 예열하여 준비하고 필러를 이용하여 가지의 껍질을 제거하고 브러시로 올리브 오일을 발라준다. 오븐 트레이에 가지를 올리고 타임 잎과 적당량의 소금을 뿌린 후 오븐에 넣어 10분 정도 익혀준다. 가지를 반대로 뒤집어서 10분 정도 더 익혀준 후 꺼내서 준비한다.

토마토잼 완숙토마토는 껍질을 제거한 후 큼직하게 다져주고 마늘과 생강을 곱게 다져서 준비한다. 소스 팬을 약불에 올린 후 애플 사이더 식초를 넣고 다진 마늘과 생강을 함께 넣어 1/2 정도까지 조려준다. 다져서 준비된 완숙토마토를 넣고 저으면서 10분 정도 더 끓이고 약간의 파프리카 시즈닝과 너트맥을 넣고 소금으로 간을 맞춘 후 5분 정도 더 끓여서 마무리한다.

To serve / 담기

오븐 트레이에 사각 틀을 올리고 구운 가지와 브레이징 양 정강이를 순서대로 채워주고 그 위에 그라나 파다노 치즈를 올려 오븐에 넣고 10분 정도 익힌 후 꺼내서 접시 위에 올려준다. 당근 퓌레와 토마토잼을 함께 올려주고 미니 바질과 엑스트라 버진 올리브 오일을 뿌려 마무리한다.

전라남도 영광군 태청산 자연방사 닭농장

Bamboo shoot 담양
Free-range chicken 증평
Free-range eggs 영광
Honey comb 인제
Maple water 울릉도
Pheasant 영광
Pine mushroom 봉화
Pine nut 가평
Quail 의령
Rabbit 포천
Walnut 천안
Wild chive 문경
Wild pigeon 영광

THE
MOUNTAIN

Sous-vide chicken breast with cherry mustard

저온 조리한 닭 가슴살과 체리 머스터드

Ingredients / 재료

200g	Chicken breast(닭 가슴살)
	Salt(소금)
	Pepper(후추)
5g	Sage(세이지)
	Butter(버터)

Cherry mustard(체리 머스터드)

100g	Cherry(체리)
50g	Whole grain mustard (홀그레인 머스터드)
50g	Dijon mustard(디종 머스터드)
30g	Honey(꿀)
2g	Salt(소금)

Chicken jus(치킨 쥬)

200ml	Brown chicken stock (브라운 치킨 스톡, page 401)
50ml	Red wine(레드 와인)
	Salt(소금)
	Pepper(후추)

30g	Fresh cherry(생체리)
	Nasturtium(한련화)

Method / 조리법

닭 가슴살은 깨끗하게 손질하여 소금, 후추 간을 한 후 세이지와 약간의 버터를 함께 진공 백에 넣고 진공포장하여 준비한다. 수비드 머신을 이용하여 65도의 물을 준비하고 진공포장된 닭 가슴살을 넣고 2시간 동안 천천히 익혀준다.

체리 머스터드 체리는 씨앗을 제거하고 잘게 다져 소스 팬에 넣고 약한 불에서 5분 정도 익혀주며 수분 없이 조리다가 꿀을 첨가하여 2분 정도 더 조려주고 핸드 블렌더를 사용하여 곱게 갈아 식혀준다. 조려진 체리가 완전히 식으면 홀그레인, 디종 머스터드와 소금을 넣고 잘 혼합하여 준비한다.

치킨 쥬 소스 팬에 레드 와인을 넣고 절반으로 줄 때까지 조린 뒤 치킨 스톡을 넣어 다시 절반 이상까지 서서히 졸여준 후 소금, 후추로 간을 맞춰 준비한다.

To serve / 담기

수비드된 닭 가슴살을 진공백에서 꺼내어 높은 온도의 프라이팬에서 올리브 오일과 함께 시어링하고 적당한 크기로 잘라 접시에 올린다. 체리 머스터드는 스푼을 사용하여 모양을 내서 담아주고 씨를 제거한 생체리도 올려준다. 치킨 쥬와 한련화 잎을 올려 마무리한다.

Butter milk fried quail with pine nut risotto

버터밀크 프라이드 메추라기와 잣 리소토

Ingredients / 재료

1마리	Quail(메추라기)
500ml	Butter milk(버터밀크)
10g	Sage(세이지)
10g	Thyme(타임)
5g	Whole peppercorns(통후추)
5g	Salt(소금)
8g	Sugar(설탕)
	Flour(밀가루)
	Canola oil(카놀라 오일)

Batter(튀김반죽)

200g	Flour(밀가루)
100g	Potato starch(감자전분)
30g	Garlic powder(갈릭파우더)
30g	Onion powder(어니언파우더)
2g	Paprika seasoning(파프리카 시즈닝)
5g	Salt(소금)
	Water(물)

Pine nut risotto(잣 리소토)

100g	Pine nut(잣)
50ml	Chicken stock(치킨 스톡, page 401)
30ml	Cream(크림)
20g	Parmesan cheese(파마산 치즈)
	Pink lemon(핑크 레몬)
	Maldon salt(맬든 소금)
	Chervil(처빌)

Method / 조리법

메추라기는 깨끗하게 손질하고 다리와 가슴살 부분을 잘라 4조각으로 만들어 준비한다. 스테인리스 호텔 팬에 버터밀크와 소금, 설탕을 넣어 잘 녹여주고 세이지와 타임은 다져서 넣는다. 통후추는 거칠게 빻아서 추가하고 손질된 메추라기 조각들이 푹 잠기도록 같이 넣고 냉장고에서 10시간 정도 숙성하여 준비한다.

튀김반죽 물을 제외한 모든 재료를 믹싱 볼에 넣어 섞어준 후 물을 부어가면서 적당한 농도의 튀김반죽을 만들어 준비한다.

잣 리소토 프라이팬을 약불에 올리고 잣을 넣어 노릇하게 볶다가 치킨 스톡을 부어준다. 치킨 스톡이 바닥에서 거의 졸아들면 크림과 파마산 치즈를 넣어 섞어주고 약간 더 끓여 준비한다.

튀김기에 카놀라유를 부어 180도로 예열하고 버터밀크에 숙성시킨 메추라기에 튀김옷을 입혀 15분 정도 튀겨서 준비한다.

To serve / 담기

나무 접시에 튀겨진 메추라기를 올리고 잣 리소토를 그 위에 올려준다. 핑크 레몬조각과 맬든 소금을 옆에 놓고 처빌을 올려 마무리한다.

Maple lacquer stuffed quail with sweet potato, grapes & summer blooming garden

포도와 고구마를 채운 메이플 래커 메추라기 & 여름 허브와 꽃

Ingredients / 재료

1마리	Quail(메추라기)
1,000ml	Water(물)
20g	Salt(소금)
25g	Sugar(설탕)
5g	Cumin(커민)
5g	Dill seeds(딜 씨앗)
	Maple syrup(메이플 시럽)
	Salt, Pepper(소금, 후추)

Quail stuffing(메추라기 스터핑)

100g	Sweet potato(고구마)
100g	Green grape(청포도)
10ml	White wine(화이트 와인)
30g	Honey(꿀)
10ml	Lemon juice(레몬 즙)
	Salt(소금)
3개	Quail egg(메추리알)
	Apple mint(애플민트)
	Spearmint(스피어민트)
	Choco mint(초코민트)
	Rosemary(로즈메리)

Method / 조리법

메추라기는 등 뼈를 잘라내고 안쪽에 있는 갈비뼈와 다리뼈를 칼로 도려내서 모두 제거하여 손질한다. 스테인리스 호텔 팬에 물과 소금, 설탕, 커민, 딜 씨앗을 넣고 잘 섞어 브라인(Brine)을 만들어 손질된 메추라기를 넣고 냉장고에서 10시간 정도 숙성시킨다.

메추라기 스터핑 소스 팬에 청포도와 화이트 와인을 넣고 약불에서 수분이 거의 없을 때까지 조린 후 꿀을 첨가해 1분 정도 더 조려서 준비한다. 밤고구마는 찜기에서 익힌 후 껍질을 벗기고 푸드 밀에 내려서 준비한다. 조려진 청포도와 밤고구마를 레몬 즙과 함께 믹싱 볼에 넣어 잘 섞어주고 소금으로 간을 맞춰 준비한다.

To serve / 담기

접시에 민트와 로즈메리를 올리고 그 위에 구운 메추라기와 반숙 메추리알을 올려 마무리한다.

숙성된 메추라기의 물기를 닦고 갈라진 몸통부분에 스터핑을 채운 후 트러싱 니들과 실을 사용하여 모양을 잡아서 180도로 예열된 오븐에 넣어 10분 정도 익힌다. 껍질에 색이 나기 시작하면 브러시를 이용하여 메이플 시럽을 발라주고 2분 정도 더 익힌다. 2분 후에 한번 더 시럽을 발라 구워서 겉이 바싹하게 캐러멜라이징이 되도록 하여 준비한다.

메추리알은 끓는 물에 2분 정도 반숙으로 삶아 준비한다.

Chicken ballottine with pistachio & walnut mustard

피스타치오 치킨 발로틴 & 호두 머스터드

Ingredients / 재료

Ballottine(발로틴)

1마리	Chicken(닭)
100ml	Cream(크림)
30ml	White wine(화이트 와인)
50g	Vine leaf(바인 리프)
	Carrot(당근)
	Pistachio(피스타치오)
	Sage(세이지)
	Italian parsley(이탤리언 파슬리)
	Salt, Pepper(소금, 후추)
	Olive oil(올리브 오일)

Walnut mustard(호두 머스터드)

100g	Walnu(호두)
100g	Whole grain mustard (홀그레인 머스터드)
30ml	Sherry wine vinegar (셰리 와인 식초)
	Salt, Pepper(소금, 후추)
	Sage(세이지)
	Chervil(처빌)

Method / 조리법

발로틴 닭을 깨끗하게 손질 후 닭 다리와 허벅지를 한 덩어리로 잘라주고 가슴살은 껍질을 제거하여 준비한다. 닭 다리와 허벅지는 길게 갈라서 뼈를 도려내고 살 쪽에 소금, 후추 밑간을 하여 준비한다. 손질된 닭 가슴살을 고기 민서로 곱게 갈아주고 믹싱 볼에서 크림, 화이트 와인과 함께 잘 섞어준다. 피스타치오와 함께 세이지와 이탤리언 파슬리를 다져서 넣어주고 소금, 후추로 간을 맞춰 스터핑을 만들고 파이핑백에 넣어서 준비한다. 당근은 얇게 슬라이스하여 끓는 물에 데쳐주고 바인 리프도 물기를 제거하여 준비한다. 손질된 닭 다리는 살부분이 보이도록 펼쳐주고 그 위에 스터핑을 짜주면서 채워주고 당근과 바인 리프도 중간에 깔아주면서 채워준다. 스터핑이 채워지면 내용물이 밖으로 나오지 않도록 돌돌 말아 실로 묶어서 준비한다.

오븐을 180도로 예열하여 준비하고 중불에 샬로우 팬을 올려 올리브 오일을 조금만 두르고 닭고기를 시어링해 주고 오븐에 넣어 20분 정도 익혀서 준비한다.

호두 머스터드 오븐에 호두를 넣어 3분 정도 구워 식혀서 셰리 와인 식초와 함께 블렌더에 갈아준다. 홀그레인 머스터드를 넣어 함께 섞어주고 소금, 후추로 간을 맞춰 준비한다.

To serve / 담기

오븐에서 구워진 발로틴을 적당한 크기로 잘라 접시 위에 놓고 한쪽에 호두 머스터드를 함께 올려준다. 세이지는 튀겨 준비해서 처빌과 함께 올려 마무리한다.

Brioche sandwich with chicken liver pate & caviar

닭간 파테 브리오슈 샌드위치 | & 캐비아

Ingredients / 재료

Chicken liver pate(닭간 파테)

250g	Chicken liver(닭간)
20ml	Brandy(브랜디)
50ml	Cream(크림)
40g	Butter(버터)
10g	Shallot(샬롯)
5g	Garlic(마늘)
5g	Lemon zest(레몬 제스트)
30ml	Water(물)
	Nutmeg(너트맥)
	Olive oil(올리브 오일)
	Salt, Pepper(소금, 후추)

Brioche(브리오슈)

250g	Strong flour(강력분)
50g	Soft flour(박력분)
100ml	Milk(우유)
15ml	Cream(크림)
100g	Butter(버터)
180g	Egg(달걀)
6g	Dry yeast(드라이 이스트)
50g	Sugar(설탕)
10g	Caviar(캐비아)

Thyme & flower(타임 & 꽃)
Crimson clover flower
(크림슨 클로버꽃)
Heliotropium(헬리오트로피움)

Method / 조리법

닭간 파테 닭간은 근막과 지방을 제거하고 손질하여 준비한다. 팬을 약불에 올리고 약간의 올리브 오일을 두른 후 샬롯과 마늘을 다져서 넣고 부드럽게 되도록 5분 정도 익혀준다. 여기에 크림을 넣고 한 번 끓여 준비한다. 다른 팬에 약간의 올리브 오일을 두르고 손질된 닭간을 넣어 뒤집어가면서 골고루 익혀주다가 물을 넣고 뚜껑을 덮어 5분 정도 익혀준다. 닭간이 완전히 익으면 푸드 프로세서에 닭간을 넣고 미리 준비된 크림도 넣어준다. 브랜디도 함께 넣고 버터를 조금씩 넣어가며 모든 재료를 크림형태로 갈아주고 부드러운 형태가 나오도록 물을 조금씩 넣어 농도를 맞춰주고 소금, 후추로 적당히 간을 맞춘다. 크림형태가 되면 파이핑백에 담아 냉장고에 넣고 하루 정도 굳혀서 준비한다.

브리오슈 반죽기에 밀가루와 함께 드라이 이스트와 설탕을 넣고 어느 정도 섞은 후 소금을 넣어 섞어준다. 달걀과 생크림을 넣고 잘 섞이도록 반죽하고 우유를 조금씩 부어가면서 되기를 조절하여 반죽을 만든다. 반죽이 뭉치면서 탄력이 생기기 시작하면 버터를 조금씩 넣어 섞으면서 반죽을 만들고 믹싱 볼에 반죽을 둥글게 담아 랩을 씌워 실온에서 1시간 정도 발효한 뒤 냉장고에 넣어 하루 정도 숙성을 한다. 숙성된 반죽을 꺼내 3등분하고 손으로 둥글리기하며 가스를 빼고 모양을 만들어 실온에서 15분 정도 발효를 진행한다. 다시 한 번 반죽들을 둥글리기하여 틀에 넣고 실온에서 1시간 정도 2차 발효한 후 200도로 예열된 오븐에 넣어 30분 정도 구워 완성한다.

To serve / 담기

브리오슈를 5mm 두께와 80mm×30mm 크기로 잘라 200도 오븐에서 노릇하게 구워준다. 구워진 브리오슈 사이에 파이핑백에 식혀서 준비된 닭간 파테를 둥글게 짜서 샌드위치를 만들고 그 위에 캐비아를 올려준다. 크림슨 클로버꽃과 타임 잎, 꽃을 올려 마무리한다.

Crispy maple-glazed fried chicken & grilled watermelon salad

크리스피 메이플-글레이즈 치킨 & 구운 수박 샐러드

Ingredients / 재료

2개	Chicken drumsticks(닭 다리)
300g	All-purpose flour(밀가루)
100g	Potato starch(고구마전분)
	Water(물)
	Canola oil(카놀라유)
200ml	Butter milk(버터밀크)

Spicy rub(스파이시 럽)

20g	Salt(소금)
25g	Sugar(설탕)
5g	Pepper(후추)
15g	Onion powder(양파 파우더)
15g	Garlic powder(마늘 파우더)
5g	Orange powder(오렌지 파우더)
5g	Dried oregano(드라이 오레가노)
2g	Paprika powder(파프리카 파우더)

Maple balsamic reduction (메이플 발사믹 리덕션)

200ml	Balsamic vinegar(발사믹 식초)
100ml	Maple syrup(메이플 시럽)

Watermelon(수박)
Salt(소금)

Coriander & flower(고수 & 꽃)
Nasturtium(한련화)
Italian parsley(이탤리언 파슬리)
Dill(딜)
Borage(보리지)
Pansy(팬지)
Frill mustard(프릴 머스터드)

Method / 조리법

스파이시 럽 블렌더에 모든 재료를 넣고 잘 섞이도록 혼합하여 준비한다.

프라이드 치킨 닭 다리를 깨끗하게 손질하고 준비된 럽을 골고루 문지르듯 발라준 후 보관용기에 버터밀크, 럽과 닭 다리를 넣어 냉장고에 하루 정도 보관한다. 밀가루와 고구마전분을 믹싱 볼에 넣어 잘 섞어주고 반으로 나눈 후 반은 마른 상태로 나머지 반은 물을 적당히 넣어가며 튀김반죽상태를 만들어 준비한다. 하루 정도 숙성된 닭 다리를 꺼내어 적당히 물기를 제거하여 준비한다. 튀김기에 카놀라를 넣고 180도로 예열한다. 닭 다리를 튀김반죽에 묻혀서 예열된 튀김기에 넣고 10분 정도 바삭하게 튀겨준다. 튀겨진 닭 다리의 기름을 빼고 믹싱 볼에 넣어 메이플 시럽을 뿌리며 발라서 준비한다.

메이플 발사믹 리덕션 소스 팬에 두 재료를 넣고 약불에서 10분 정도 끓이며 적당한 농도가 나올 때까지 조려서 마무리한다.

수박은 네모난 모양으로 잘라 소량의 소금을 뿌려 10분 정도 지난 후에 빠져나온 수분을 페이퍼 타월을 사용하여 제거하고 그릴에 구워 준비한다.

To serve / 담기

구운 수박 위에 꽃과 허브들을 올려 샐러드를 만들어 접시에 올리고 튀긴 닭 다리를 옆에 올려준다. 조려서 준비된 메이플 발사믹 리덕션을 수박 샐러드 옆에 조금 부어 마무리한다.

재료에 대한 지식과 이해는
단순하지만
강렬한 경험에서
나온다.

전라남도 영광군 수렵

Nordic hay-smoked wild pigeon & beetroot

노르딕 헤이 | 스모크드 산비둘기 & 비트

Ingredients / 재료

1마리 Wild pigeon(산비둘기)

Brine(브라인)
1,000ml Water(물)
20g Salt(소금)
25g Sugar(설탕)
5g Pepper(후추)

Stuffing(스터핑)
100g Bread crumb(식빵 빵가루)
100ml Milk(우유)
50g Shallot(샬롯)
20g Garlic(마늘)
20g Whole grain mustard
(홀그레인 머스터드)
5g Rosemary(로즈메리)
5g Thyme(타임)
5g Italian parsley(이탈리언 파슬리)
10g Butter(버터)
Salt, Pepper(소금, 후추)

Smoked hay(건초 훈제)
500g Hay(훈제용 건초)
3개 Star Anise(스타 아니스)
20g Orange zest(오렌지 제스트)
1개 Baby red beetroot(미니 적비트)
1개 Baby golden beetroot
(미니 골든 비트)
1개 Baby white beetroot
(미니 화이트 비트)

Rosemary(로즈메리)
Thyme(타임)

Method / 조리법

산비둘기는 머리와 내장을 깨끗하게 제거하여 손질하고 스테인리스 호텔 팬에 물과 소금, 설탕, 후추를 부숴 넣고 잘 섞어 브라인(Brine)을 만든 후 손질된 산비둘기를 넣고 냉장고에서 10시간 정도 숙성시킨다. 숙성된 비둘기 속에 스터핑을 채워 넣고 로즈메리와 타임으로 입구를 막아준다. 180도로 오븐을 예열하고 캐스트 아이언 스킬렛(cast iron skillet)에 훈제용 건초와 스타 아니스, 오렌지 제스트를 깔아주고 그 위에 비둘기를 올려준다. 주위에 미니 비트들도 함께 올려주고 올리브 오일을 비둘기와 미니 비트 위로 뿌려준다. 토치를 이용하여 건초에 불을 붙인 후 쿠킹 오일로 전체를 감싸 덮어주고 오븐에 넣어 40분 정도 익혀서 준비한다.

스터핑 빵가루에 우유를 부어 5분 정도 불린 후 꼭 짜서 우유를 제거하여 준비하고 샬롯과 마늘은 다진 후 버터와 함께 프라이팬에서 노릇하게 볶아 준비한다. 믹싱 볼에 불린 빵가루, 샬롯, 마늘을 넣고 허브도 다져서 넣고 홀그레인 머스터드도 함께 넣어 반죽을 만들고 소금, 후추로 간을 맞춰준다.

To serve / 담기

접시에 건초를 깔아주고 그 위에 익힌 산비둘기를 올려준다. 주위에 함께 구운 비트들도 올려주고 로즈메리와 타임을 묶어 비둘기 위에 올려 마무리한다.

Bourbon crudo pheasant tenderloin with summer truffle & salt-cured egg yolk

버번 크루도 꿩 안심과 서머 트러플 & 솔트큐어드 에그 욕

Ingredients / 재료

200g	Pheasant tenderloin(꿩 안심 살)
20ml	Bourbon whiskey(버번 위스키)
10g	Black sugar(흑설탕)
3g	Salt(소금)
	Pepper(후추)
20g	Summer truffle(서머 트러플)

Salt-cured egg yolk
(솔트큐어드 에그 욕)

5개	Egg yolk(달걀 노른자)
200g	Salt(소금)
150g	Sugar(설탕)
20g	Thyme(타임)
20g	Orange zest(오렌지 제스트)
	Mini yellow chicory(미니 옐로 치커리)
	Truffle oil(트러플 오일)

Method / 조리법

꿩 안심의 힘줄을 제거하고 믹싱 볼에 설탕, 소금과 약간의 후추를 갈아 넣고 손질된 꿩 안심과 버무려 준다. 안심을 가지런하게 용기에 담아주고 그 위로 버번 위스키를 부린 후 뚜껑을 덮고 냉동실에 30분 정도 넣어 겉이 살짝 얼도록 한다. 안심 살을 꺼내어 0.3mm 두께로 얇게 저미고 트러플도 0.1mm 두께로 얇게 저며준다. 바닥에 랩을 깔고 원형 틀을 놓은 후 안쪽으로 안심과 트러플을 포개면서 놓아 원형으로 담아 준비한다.

솔트큐어드 에그 욕 소금, 설탕과 함께 타임, 오렌지 제스트를 잘게 다져서 모두 섞어주고 호텔 팬에 혼합된 소금, 설탕을 절반만 깔아준다. 스푼의 뒷부분을 이용하여 눌러서 홈을 파주고 그곳에 달걀 노른자를 조심스럽게 넣어준다. 나머지 소금, 설탕도 노른자가 모두 덮이도록 올려주고 뚜껑을 덮어 냉장고에 넣고 소금, 설탕에 완전히 절여지도록 1주일 정도 보관하고 딱딱하게 굳은 노른자를 꺼내 소금과 설탕을 넣고 거즈에 감싸 냉장고에 넣고 방향을 돌려가며 10일 이상 말려서 준비한다.

To serve / 담기

접시 바닥에 안심 살을 담은 원형 틀보다 큰 사이즈의 틀을 놓고 솔트큐어드 에그 욕을 그레이터로 갈아서 올려준다. 그 위에 원형으로 준비된 꿩 안심과 트러플을 올리고 주위에 미니 옐로 치커리를 놓아준다. 트러플 오일을 부려 마무리한다.

Confit leg, seared breast & roasted thigh of wild pigeon with mashed white kidney bean

3가지의 산비둘기 요리와 매시트 흰 강낭콩

Ingredients / 재료

2마리　Wild pigeon(산비둘기)

Confit leg(콩피 다리 살)
150g　Wild pigeon legs(산비둘기 다리)
300g　Goose fat(거위지방)
20g　Coriander seeds(고수 씨)
20g　Juniper berry(주니퍼 베리)
50g　Salt(소금)
10g　Whole peppercorns(통후추)
30g　Rosemary(로즈메리)
30g　Thyme(타임)

Searing breast(시어링 가슴살)
200g　Wild pigeon breast(산비둘기 가슴살)
10g　Sage(세이지)
　Butter(버터)
　Olive oil(올리브 오일)
　Salt, Pepper(소금, 후추)

Roasted thigh(로스팅 허벅지 살)
200g　Wild pigeon thigh(산비둘기 허벅지)
100g　Wild pigeon terderloin(산비둘기 안심)
10g　White kidney bean(흰 강낭콩)
　Spinach(시금치)
　Italian parsley(이탈리언 파슬리)
　Fresh cream(생크림)
　Cognac(코냑)
　Salt, Pepper(소금, 후추)

**Mashed white kidney bean
(매시트 흰 강낭콩)**
300 g　White kidney bean(흰 강낭콩)
100g　Fresh cream(생크림)
50g　Butter(버터)
20ml　Lemon juice(레몬 즙)
　Salt, Pepper(소금, 후추)

Spinach pesto(시금치 페스토)
　Spinach(시금치)
　Italian parsley(이탈리언 파슬리)
　Roasted pine nut(구운 잣)
　Asiago cheese(아시아고 치즈)
　Garlic(마늘)
　Extra virgin olive oil
　(엑스트라 버진 올리브 오일)

　Roasted golden beetroot
　(구운 골든 비트, page 27)

Cooked white kidney bean
(익힌 흰 강낭콩)
Baby basil(미니 바질)
Basil oil(바질 오일)
Truffle balsamic reduction

(트러플 발사믹 리덕션, page 400)
White balsamic reduction
(화이트 발사믹 리덕션, page 400)
Port wine reduction sauce
(포트 와인 리덕션 소스, page 253)

Method / 조리법

콩피 다리 살 고수 씨, 주니퍼 베리, 소금과 통후추를 절구에 넣고 빻아서 럽(rub)을 만들어 준비한다. 비둘기 다리에 럽을 발라주고 용기에 담아서 향이 배도록 냉장고에 넣어 2일 정도 숙성한다. 2일 후 묻어 있는 럽을 제거하고 페이퍼 타월에 올려 수분을 제거한다. 오븐은 90도로 예열하고 중불에 아이언 캐서롤(iron casserole)을 올려 비둘기 다리, 거위 지방과 함께 로즈메리와 타임을 첨가하고 뚜껑을 덮어 오븐에 넣어 1시간 반 정도 익혀준다. 부드럽게 익혀진 콩피는 지방과 함께 완전히 식혀서 냉장고에 넣어 보관한다.

시어링 가슴살 가슴살은 소금, 후추 밑간을 하고 중불에 샬로우 팬을 올려 올리브 오일을 두른 후에 가슴살을 올려 한쪽을 시어링한다. 반대로 뒤집어서 버터와 세이지를 넣고 스푼으로 버터를 아로제(Arroser)하면서 2분 정도 익혀주고 한쪽에 꺼내어 레스팅(Resting)을 진행한다.

로스팅 허벅지 살 허벅지 살을 평평하게 손질한 후 껍질을 바닥에 놓고 펼쳐 소금, 후추 밑간을 하고 약간의 코냑을 뿌려 준비한다. 안심과 이탈리언 파슬

리를 잘게 다져 믹싱 볼에 넣고 익힌 흰 강낭콩과 시금치도 몇 잎 함께 넣어준다. 약간의 크림을 넣어주고 소금, 후추로 간을 맞춘 후 펼쳐진 허벅지 살에 올려주고 돌돌 말아 실로 묶어준다. 오븐을 190도로 예열하고 중불에 프라이팬을 올린 후 약간의 올리브 오일을 두르고 허벅지 살의 껍질부분을 돌려가면서 익히다가 오븐에 넣어 15분 정도 익혀주고 레스팅(Resting)을 진행하여 준비한다.

매시드 흰 강낭콩 흰 강낭콩을 하루 정도 물에 담가 불려주고 끓는 물에 넣어 30분 정도 익힌 후 체에 밭쳐준다. 중불에 냄비를 올리고 버터를 넣어 녹인 후 익힌 강낭콩과 크림을 넣어 잘 저으면서 5분 정도 더 익혀준다. 불에서 내린 후 레몬 즙을 첨가하고 블렌더에 넣어 곱게 간 뒤 소금, 후추로 간을 맞춰 준비한다.

시금치 페스토 끓는 물에 시금치와 이탈리언 파슬리를 넣고 5초 정도 데친 후 얼음물에 건져서 식히고 물기를 꼭 짜서 준비한다. 블렌더에 시금치와 파슬리를 넣고 구운 잣, 아시아고 치즈, 마늘과 엑스트라 버진 올리브 오일을 넣고 소금으로 간을 맞춰가며 갈아 페스토를 준비한다.

To serve / 담기

매시트 흰 강낭콩을 파이핑백에 담아 원형으로 길게 짜면서 올려주고 콩피 위에 포트 와인 리덕션을 올려준다. 시어링 가슴살도 절반으로 잘라 올려주고 트러플 발사믹 리덕션을 옆에 올려준다. 레스팅(Resting)을 마친 허벅지 살도 적당한 크기로 잘라 올려주고 시금치 페스토도 함께 놓아준다. 구운 골든 비트, 흰 강낭콩과 함께 미니 바질을 올리고 화이트 발사믹 리덕션과 바질 오일을 뿌려 마무리한다.

Roasted pumpkin seeds on pheasant breast & jack be little pumpkin veloute

로스팅 꿩 가슴살과 호박씨 & 잭비리틀 호박 벨루테

Ingredients / 재료

200g	Pheasant breast(꿩 가슴살)
80g	Pumpkin seeds(호박씨)
10g	Parmesan cheese(파마산 치즈)
	Cognac(코냑)
	Olive oil(올리브 오일)
	Salt, Pepper(소금, 후추)

Pumpkin veloute(호박 벨루테)

200g	Jack be little pumpkin(잭비리틀 호박)
100g	Butter(버터)
100ml	Chicken stock(치킨 스톡, page 401)
50g	Parmesan cheese(파마산 치즈)
50ml	Fresh cream(생크림)

Diable sauce(디아블 소스)

100ml	Champagne vinegar(샴페인 식초)
100ml	White wine(화이트 와인)
400ml	Veal stock(빌 스톡, page 401)
50g	Shallot(샬롯)
20g	Tarragon(타라곤)
10g	Dijon mustard(디종 머스터드)
	Tabasco(타바스코)
	Whole peppercorns(통후추)
	Olive oil(올리브 오일)

Jack be little pumpkin(잭비리틀 호박)
Olive oil(올리브 오일)

Chioggia beetroot(키오자 비트)
Golden beetroot(골든 비트)
Thyme(타임)
Baby basil(미니 바질)
Watercress(워터크레스)

Method / 조리법

꿩 가슴살은 껍질과 힘줄을 제거하여 손질하고 소금, 후추로 밑간하여 준비한다. 오븐을 180도로 예열한 뒤 프라이팬에 올리브 오일을 두르고 중불에서 꿩 가슴살을 시어링하고 코냑으로 플랑베한 후 오븐 팬에 옮겨 담는다. 꿩 가슴살 위로 파마산 치즈를 갈아서 올리고 그 위로 호박씨를 치즈에 붙이면서 올려준다. 예열된 오븐에 넣고 15분 정도 익힌 뒤 레스팅(Resting)하여 준비한다.

호박 벨루테 약불에 소테 팬을 올리고 버터를 두른 후에 녹으면 호박을 다져서 넣고 5분 정도 익혀준다. 치킨 스톡을 부어주고 10분 정도 끓이면서 익히다가 크림을 넣고 다시 끓기 시작하면 불을 끈 뒤 블렌더에 넣고 파마산 치즈와 함께 곱게 갈아 벨루테를 준비한다.

To serve / 담기

접시 중앙에 디아블 소스를 올려주고 그 위에 레스팅을 마친 꿩 가슴살을 올려준다. 오븐에서 구워진 잭비리틀 호박에 호박 벨루테를 채워주고 튀긴 비트와 타임을 올린 후 미니 바질과 크레송도 올려 마무리한다.

디아블 소스 소스 팬을 중불에 올리고 약간의 올리브 오일과 샬롯을 다져서 넣고 3분 정도 익혀준다. 샴페인 식초와 화이트 와인을 넣고 통후추를 부숴서 함께 넣어 1/2까지 조려준다. 빌 스톡과 함께 타라곤과 머스터드도 넣어 1/2까지 더 조린 후에 약간의 타바스코를 넣고 시누아에 걸러 소스를 준비한다.

잭비리틀 호박은 윗부분을 잘라내고 스푼으로 속을 파낸 후 브러시로 올리브 오일을 발라 오븐에 넣고 20분 정도 익혀서 준비한다.

키오자 비트와 골든 비트는 얇게 망돌린(Mandoline)에 밀어서 원형 틀로 찍어 모양을 내고 180도 튀김기에 넣어 바싹하게 튀겨 준비한다. 타임도 튀김기에 튀겨서 준비한다.

5 spice-braised wild pigeon breast & roasted beetroot

5 스파이스 브레이징 산비둘기 가슴살 & 구운 비트

Ingredients / 재료

Braised wild pigeon(브레이징 산비둘기)

500g	Wild pigeon breast(산비둘기 가슴살)
50g	Red onion(적양파)
30g	Spring onion(대파 흰 부분)
5g	Ginger(생강)
20g	Rosemary(로즈메리)
600ml	Brown chicken stock (브라운 치킨 스톡, page 401)
30ml	Black rice vinegar(흑미식초)
20ml	Soy sauce(간장)
20ml	Worcestershire sauce(우스터 소스)
20g	5 spices powder(5 스파이스 파우더)
20g	Black sugar(흑설탕)
10g	Salt(소금)
5g	Pepper(후추)
	Olive oil(올리브 오일)

50g	Chioggia beetroot(키오자 비트)
50g	Red beetroot(적비트)
50g	Golden beetroot(골든 비트)
50g	White beetroot(화이트 비트)
40ml	Champagne vinegar(샴페인 식초)
	Salt(소금)
	Sugar(설탕)

Beech mushroom(만가닥버섯)
Extra virgin olive oil
(엑스트라 버진 올리브 오일)
Rosemary(로즈메리)
Edible dandelion(식용 국화)

Method / 조리법

브레이징 산비둘기 산비둘기 가슴살의 껍질과 함께 힘줄과 지방을 제거하고 5 스파이스 파우더, 흑설탕, 소금과 후추를 혼합한 럽(rub)을 만들어 손질한 가슴살에 묻혀서 냉장고에 넣어 하루 정도 숙성하여 준비한다. 중불에 브레이징 팬을 올려 올리브 오일을 두르고 적양파와 대파, 생강을 다져 넣고 5분 정도 익혀주다가 흑미식초, 간장과 우스터 소스를 넣고 1/2 정도 조려준다. 숙성된 가슴살과 숙성 과정에 나온 육즙을 팬에 모두 넣고 5분 정도 더 졸여주다가 치킨 스톡과 로즈메리를 넣고 끓기 시작하면 약불로 줄여 1시간 정도 시머링(Simmering)하여 준비한다.

오븐을 180도로 예열하고 비트를 종류별로 쿠킹 호일에 각 10ml의 샴페인 식초와 설탕, 소금을 함께 넣고 감싸서 오븐에 넣고 1시간 정도 익혀준다. 실온으로 식힌 후에 지름 30mm 크기의 원형 틀로 찍어 모양을 내어 준비한다.

To serve / 담기

원형으로 모양을 낸 구운 비트를 동그랗게 돌려서 접시 바닥에 놓아주고 브레이징된 산비둘기 가슴살을 올려준다. 스푼으로 조려진 소스를 올려주고 만가닥버섯을 살짝 데쳐 놓아준다. 식용 국화와 로즈메리를 올리고 엑스트라 버진 올리브 오일을 살짝 뿌려 마무리한다.

Roasted saddle of rabbit in parma ham with diable sauce

파르마 햄으로 감싸 구운 토끼 등심과 디아블 소스

Ingredients / 재료

Roasted saddle of rabbit
(구운 토끼 등심)

300g	Saddle of rabbit(토끼 등심살)
50g	Parma ham(파르마 햄)
	Sage(세이지)
	Dijon mustard(디종 머스터드)
	Olive oil(올리브 오일)
	Salt, Pepper(소금, 후추)
1개	Yellow zucchini flower(옐로 주키니꽃)
1개	Tomato(토마토)
	Diable sauce(디아블 소스, page 327)
	Pansy(펜지)
	Borage flower(보리지꽃)
	Sorrel(쏘렐)
	Wild arugula(와일드 루콜라)

Method / 조리법

구운 토끼 등심 오븐을 180도로 예열하고 토끼 등심 살은 힘줄과 껍질을 제거해서 손질하고 약간의 소금과 후추로 밑간하고 디종 머스터드를 골고루 발라서 준비한다. 도마 바닥에 토끼 등심이 길게 말릴 정도의 면적으로 파르마 햄을 깔아주고 그 위에 손질된 토끼 등심을 올려 동그랗게 말아준다. 조리용 끈으로 파르마 햄을 묶어서 고정시켜 준비한다. 아이언 팬에 올리브 오일을 두르고 중불에 올린 후 달궈지면 준비된 토끼 등심을 올리고 세이지를 같이 넣어 돌려가면서 5분 정도 익혀주다가 예열된 오븐에 넣어 20분 정도 익힌 뒤 꺼내 5분 정도 레스팅(Resting)을 진행하여 준비한다.

옐로 주키니는 올리브 오일을 바르고 약간의 소금을 뿌린 후 오븐에 넣어 10분 정도 익혀주고 토마토도 같은 방법으로 5분 정도 익혀서 준비한다.

To serve / 담기

레스팅(Resting)을 마친 토끼 등심을 적당한 두께로 잘라 접시 위에 올리고 옐로 주키니와 토마토도 함께 올려준다. 토끼 등심 옆으로 약간의 디종 머스터드를 올려주고 꽃과 허브를 올려 마무리한다.

Salt block-grilled rack of rabbit with honey fig & yabby

솔트 블록에 익힌 토끼 갈비와 허니 무화과 & 민물가재

Ingredients / 재료

1개	Salt block(솔트 블록)
50g	Rack of rabbit(토끼 갈빗살)
1개	Fig(무화과)
1마리	Yabby(민물가재)
	Honey(꿀)
	Blue sage(블루 세이지)
	Balsamic reduction
	(발사믹 리덕션, page 400)
	Blue sage flower(블루 세이지꽃)
	Viola(비올라)

Method / 조리법

그릴 위에 솔트 블록을 올려 뜨겁게 데워서 준비한다. 토끼 갈비는 뼈 주위를 깨끗하게 다듬어주고 소금, 후추로 밑간을 한다. 민물가재는 몸통부분의 껍질을 제거하고 무화과는 반으로 잘라서 준비한다. 뜨겁게 데워진 솔트 블록 위에 손질한 토끼 갈비와 세이지를 올려 함께 구워주고 민물가재도 함께 올려 익혀준다. 무화과는 꿀을 뿌려가며 조리듯 익혀서 준비한다.

To serve / 담기

깨끗한 솔트 블록 위에 구워서 준비된 토끼, 민물가재와 무화과를 올려주고 발사믹 리덕션을 함께 올려준다. 주위에 블루 세이지와 비올라를 올려 마무리한다.

Truffle game pie & wild arugula with red cabbage powder

트러플 게임 파이 & 와일드 루콜라와 레드 캐비지 파우더

Ingredients / 재료

Pie filling(파이 필링)

200g	Pheasant breast(꿩 가슴살)
300g	Rabbit leg(토끼 다리살)
200g	Turtledove(산비둘기)
50g	Pistachio(피스타치오)
20g	Summer truffle(서머 트러플)
10g	Rosemary(로즈메리)
10g	Sage(세이지)
5g	Juniper berry(주니퍼 베리)
30ml	Dry white wine(드라이 화이트 와인)
10g	Garlic(마늘)
	Salt, Pepper(소금, 후추)

Pie dough(파이 도우)

400g	Strong flour(강력분)
60g	Lard(라드)
150ml	Water(물)
	Salt(소금)
	Butter(버터)
1개	Egg(달걀)

Red cabbage powder (레드 캐비지 파우더)

100g	Red cabbage(레드 캐비지)
10ml	Red wine vinegar(레드 와인 식초)

Wild arugula(와일드 루콜라)
Chervil(처빌)
Pelargonium(펠라고늄)

Pink pepper(핑크 페퍼)
Maldon salt(맬든 소금)

Method / 조리법

파이 필링 꿩, 토끼와 산비둘기는 뼈와 껍질을 제거하고 적당한 크기로 잘라 준비한다. 푸드 프로세서에 손질된 고기들과 함께 드라이 화이트 와인을 넣어주면서 잘 섞이도록 갈아주고 소금과 후추로 적당히 간을 맞춰준다. 푸드 프로세서에서 꺼내어 믹싱 볼에 옮겨 담은 후 로즈메리와 세이지를 다져서 넣고 다진 마늘과 함께 주니퍼 베리도 부숴서 넣어준다. 서머 트러플도 5mm 크기로 잘라주고 피스타치오도 함께 넣고 모든 재료를 치대면서 잘 섞어 준비한다.

파이 도우 소스 팬에 물과 라드를 넣고 함께 끓여서 준비한다. 반죽기에 강력분과 소금을 넣고 준비된 라드 물을 함께 넣고 잘 혼합되도록 반죽을 만들어주고 랩으로 감싸서 1시간 정도 레스팅(Resting)한다.

게임 파이 180도로 오븐을 예열한다. 사각 파이 틀 안쪽으로 버터를 발라 준비하고 레스팅(Resting)을 마친 도우를 2mm 두께로 얇게 밀어서 준비된 파이틀 안쪽 벽으로 붙여서 준비한다. 필링 공간으로 최대한 공기가 들어가지 않도록 스푼으로 차곡차곡 채워주고 위쪽도 도우로 덮어준다. 도우 위쪽에 지름 3mm 크기 정도의 원형 구멍을 만들어주고 달걀물을 발라준 후 오븐에 넣고 갈색으로 노릇하게 익어가는 것을 확인하며 40~50분 정도 익혀서 준비한다.

레드 캐비지 파우더 레드 캐비지는 2mm 두께로 얇게 썰어주고 그 위에 레드 와인 식초를 조금 바른 뒤 건조기에 넣고 60도에서 5시간 정도 말려준다. 완전히 건조된 캐비지를 분쇄기에 넣고 파우더 형태가 될 때까지 곱게 갈아 준비한다.

To serve / 담기

접시에 적당한 크기로 파이를 잘라 올리고 옆으로 와일드 루콜라와 처빌을 올려준다. 파이 위로 핑크 페퍼와 맬든 소금을 올려주고 와일드 루콜라 위로 레드 캐비지 파우더를 부려준 후 펠라고늄 잎을 올려 마무리한다.

Parmesan bamboo snack with white balsamic reduction

파마산 죽순 스낵과 화이트 발사믹 리덕션

Ingredients / 재료

**Parmesan bamboo snack
(파마산 죽순 스낵)**

100g	Bamboo sprouts(죽순)
10g	Butter(버터)
50g	Parmesan cheese(파마산 치즈)

White balsamic reduction
(화이트 발사믹 리덕션, page 400)
Blue sage flower(블루 세이지꽃)
Calendula flower(컬렌듈라꽃)

Method / 조리법

파마산 죽순 스낵 오븐을 160도로 예열하여 준비한다. 죽순의 겉껍질을 벗겨내고 속을 반으로 자른 후 브러시를 이용하여 사방으로 버터를 발라준다. 오븐 트레이에 죽순을 올려 오븐에 넣고 20분 정도 익힌 뒤 꺼내어 죽순 위에 파마산 치즈를 뿌린 후 다시 오븐에 넣고 10분 정도 더 익혀서 준비한다.

To serve / 담기

접시에 죽순 겉껍질을 깔아주고 그 위로 죽순 스낵을 올려준다. 죽순 위로 화이트 발사믹 리덕션을 뿌려주고 블루 세이지와 컬렌듈라꽃을 올려 마무리한다.

Grilled pine mushroom with beef onion soup

비프 어니언 수프와 구운 송이버섯

Ingredients / 재료

1개　　　Pine mushroom(송이버섯)

Beef onion soup(비프 어니언 수프)
200g　　Beef shank(아롱사태)
500g　　Onion(양파)
50g　　　Garlic(마늘)
10g　　　Brown sugar(흑설탕)
200ml　White wine(화이트 와인)
1000ml　Beef stock(비프 스톡, page 401)
50g　　　Butter(버터)
5g　　　　Thyme(타임)
　　　　　Italian parsley(이탈리언 파슬리)
　　　　　Olive oil(올리브 오일)
　　　　　Salt, Pepper(소금, 후추)

　　　　　Chervil & flower(처빌 & 꽃)
　　　　　Italian parsley flower
　　　　　(이탈리언 파슬리꽃)

Method / 조리법

비프 어니언 수프 아롱사태의 지방과 근막을 제거하고 소금, 후추로 밑간하여 준비한다. 중불에 브레이징 팬을 올리고 약간의 올리브 오일을 두른 후 준비된 아롱사태를 올려 시어링(Searing)한다. 시어링이 마무리되면 비프 스톡과 타임을 넣고 약불로 줄인 후 2시간 정도 시머링(Simmering)하여 부드럽게 익혀준다. 아롱사태가 부드럽게 익으면 건져내 잘게 찢어서 준비하고 스톡은 체에 걸러 준비한다. 양파와 마늘을 얇게 슬라이스하여 준비한다. 소스 포트를 중불에 올리고 약간의 올리브 오일과 버터를 넣어 녹인다. 슬라이스된 양파와 마늘을 넣고 20~30분 정도 골든 브라운 상태가 될 때까지 잘 저으며 익혀준다. 양파가 색이 나면 흑설탕을 넣고 1분 정도 더 익힌 후 잘게 찢은 아롱사태를 넣어 잘 섞어준다. 화이트 와인을 부어 와인을 1/3까지 조리고 비프 스톡을 부어 20분 정도 시머링한다. 이탈리언 파슬리를 다져서 넣어주고 소금, 후추로 간을 맞춰 준비한다.

송이버섯은 얇게 슬라이스하고 그릴에 구워 준비한다.

To serve / 담기

수프 볼에 비프 어니언 수프를 담아주고 구워진 송이버섯을 올려준다. 처빌과 꽃, 이탈리언 파슬리꽃을 올려 마무리한다.

E FRUIT & FARM

Apple 충주
Apricot 영천
Blueberry 양평
Cherry 곡성
Dragon fruit 통영
Heavenly peach/White Peach 장호원
Honeydew/Cantaloupe melon 나주
Kumquat 제주
Mango 제주
Musk melon 양구
Passion fruit 영암/제주
passion fruit 제주
Raspberry 고창
Rhubarb 강진
Strawberry 논산
Watermelon 함안
Wild berry 곡성

Summer melon salad with feta & coconut sorbet, coconut milk cold soup

여름 멜론과 페타 샐러드 & 코코넛 셔벗, 코코넛 밀크 콜드 수프

Ingredients / 재료

Melon & feta bowl salad
(멜론 & 페타 볼 샐러드)
100g   Honeydew(허니듀)
100g   Musk melon(머스크 멜론)
100g   Watermelon(수박)
100g   Feta cheese(페타치즈)

Coconut sorbet(코코넛 셔벗)
150ml   Coconut milk(코코넛 밀크)
100g   Pineapple(파인애플)
10ml   Maple syrup(메이플 시럽)

Coconut milk soup(코코넛 밀크 수프)
100ml   Coconut milk(코코넛 밀크)
100g   Cucumber(오이)
       Salt(소금)

       Choco mint(초코민트)
       Mint flower(민트꽃)
       Basil seed(바질씨)

Method / 조리법

멜론 & 페타 볼 샐러드 잘 익은 허니듀, 머스크 멜론과 수박을 파리지엔 스쿱으로 동그랗게 파내서 준비하고 페타치즈도 같은 방식으로 준비한다.

코코넛 셔벗 블렌더에 모든 재료를 넣어 곱게 갈아주고 시누아에 밭친 후 컨테이너에 담아 냉동실에 넣어 얼린 후 셔벗을 준비한다.

코코넛 밀크 수프 오이는 껍질과 씨앗 부분을 제거하고 블렌더에 코코넛 밀크와 적당량의 소금을 넣어 곱게 갈아주고 고운체에 밭친 후 용기에 담아 냉장고에서 차갑게 준비한다.

To serve / 담기

볼 접시를 차갑게 준비하고 동그랗게 파낸 멜론, 페타와 함께 얼린 코코넛 셔벗도 파리지엔 스쿱으로 동그랗게 파내어 모든 재료를 접시에 담아준다. 준비된 코코넛 밀크 수프를 조심스럽게 바닥에 부어주고 민트와 불린 바질씨로 마무리한다.

Chilled cantaloupe soup with garden herb salad

차가운 캔털루프 수프와 가든 허브 샐러드

Ingredients / 재료

Cantaloupe soup(캔털루프 수프)

400g	Cantaloupe melon(캔털루프 멜론)
100ml	Orange juice(오렌지 즙)
20ml	Lime juice(라임 즙)
5ml	Sherry wine vinegar(셰리 와인 식초)
30ml	Honey(꿀)
	Salt(소금)

Garden herb salad(가든 허브 샐러드)

Nasturtium & flower(한련화 & 꽃)
Coriander & flower(고수 & 꽃)
Italian parsley & flower
(이탤리언 파슬리 & 꽃)
Chervil & flower(처빌 & 꽃)
Lavender flower(라벤더꽃)
Borage(보리지)
Sweet basil(스위트 바질)
Pansy(팬지)
Frill mustard(프릴 머스터드)
Sorrel(쏘렐)
Dill(딜)

Method / 조리법

캔털루프 수프 캔털루프 멜론의 껍질과 씨를 제거하고 파리지엔 스쿱을 이용하여 100g 정도 볼을 파서 준비한다. 볼을 파고 남은 멜론과 모든 재료를 블렌더에 넣어 곱게 갈아주고 소금으로 간을 맞춘 후 냉장고에 넣어 차갑게 보관하여 준비한다.

가든 허브 샐러드 모든 허브는 흐르는 물에 깨끗하게 손질하고 꽃들도 시들지 않도록 손질하여 냉장고에 넣어 준비한다.

To serve / 담기

수프 볼에 볼을 파서 준비된 멜론을 한쪽으로 가지런히 올려 담고 그 위에 적당한 양의 허브와 꽃들을 올려준다. 냉장고에 넣어 차갑게 준비된 수프를 다른 한쪽에 부어서 마무리한다.

Grilled heavenly peach & radicchio, endive salad with honey cider vinegar dressing

구운 천도복숭아 & 라디치오, 엔다이브 샐러드, 허니 사이더 식초 드레싱

Ingredients / 재료

150g Heavenly peach(천도복숭아)
100g Radicchio(라디치오)
100g Endive(엔다이브)
      Olive oil(올리브 오일)
      Salt(소금)

Honey vinegar dressing
(허니 식초 드레싱)
100ml Sider vinegar(사이더 식초)
50g   Honey(꿀)
200ml Extra virgin olive oil
       (엑스트라 버진 올리브 오일)
30ml   Water(물)
       Salt(소금)
       Pepper(후추)

       Gorgonzola cheese(고르곤졸라 치즈)
       Pine nut(잣)
       Walnut(호두)
       Honey(꿀)
       Oregano(오레가노)

Method / 조리법

천도복숭아는 씨 제거 후 웨지 모양으로 자르고 올리브 오일을 바른 뒤 소금을 뿌려 그릴 위에 구워서 준비한다. 라디치오와 엔다이브는 한입 크기로 찢어서 준비한다.

허니 식초 드레싱 믹싱 볼에 모든 재료를 넣고 위스크를 이용하여 잘 저어 섞어주고 소금, 후추로 간을 맞춰 준비한다.

잣과 호두는 180도 오븐에서 3분 정도 노릇하게 구워주고 고르곤졸라 치즈는 작게 뜯어서 준비해 둔다.

To serve / 담기

믹싱 볼에 라디치오, 엔다이브와 함께 구운 천도복숭아를 넣고 드레싱을 첨가하여 나무 집게로 잘 버무려 샐러드 볼에 담아준다. 구운 호두와 잣을 넣어주고 그 위로 약간의 꿀을 뿌린 뒤 오레가노를 올려 마무리한다.

Peach & grapefruit salad with spear mint & peach granita

백도 복숭아 & 자몽 샐러드와 스피어민트 & 복숭아 그라니타

Ingredients / 재료

1개	White peach(백도 복숭아)
1개	Grapefruit(자몽)
5g	Spearmint(스피어민트)

Granita(그라니타)

100g	White peach(백도 복숭아)
50ml	Water(물)
20g	Sugar(설탕)
20ml	Lemon juice(레몬 즙)
5g	Salt(소금)
5g	Spearmint(스피어민트)

Method / 조리법

복숭아는 껍질과 씨를 제거하고 웨지 모양으로 썰어 차가운 얼음물에 보관하고 자몽은 껍질을 제거하고 과육 부분만 세그먼트하여 냉장고에 보관한다.

그라니타 복숭아는 껍질과 씨를 제거하고 다지듯 손질하여 모든 재료와 함께 블렌더에 넣고 고루 섞이도록 갈아준다. 스테인리스 재질의 얇은 컨테이너에 부어주고 냉동실에 넣어서 얼려준다. 30분에 한번씩 포크나 송곳으로 표면을 긁어주듯 저어주고 3~4번 반복하며 2시간 정도 얼려준다.

To serve / 담기

냉동실에 보관된 차가운 접시에 손질된 복숭아와 자몽 세그먼트를 올리고 포크를 사용하여 그라니타를 긁어내어 복숭아와 자몽 위에 올려준다. 스피어민트를 올려 마무리한다.

Grilled avocado with grapefruit chermoula & lemon salt

구운 아보카도와 자몽 셰르물라 & 레몬 솔트

Ingredients / 재료

1개   Avocado(아보카도)
       Olive oil(올리브 오일)
       Salt(소금)

Grapefruit chermoula(자몽 셰르물라)
1개   Grapefruit(자몽)
30ml Lime juice(라임 즙)
10g   Garlic(마늘)
5g   Coriander(고수)
5g   Chive(차이브)
       Avocado oil(아보카도 오일)

Lemon salt(레몬 솔트)
30g   Lemon zest(레몬 제스트)
60g   Maldon salt(맬든 소금)

       Wood sorrel(우드 쏘렐)

Method / 조리법

잘 숙성된 아보카도 중심에 칼을 넣고 씨앗을 따라 돌려가면서 절반으로 잘라주고 중심에 있는 씨앗을 제거하여 준비한다. 반으로 자른 아보카도에 브러시로 올리브 오일을 바르고 소금을 뿌려 그릴 위에 구워서 준비한다.

자몽 셰르물라 자몽은 겉과 속의 껍질을 제거하여 과육만 분리해서 믹싱 볼에 담아주고 마늘, 고수와 차이브는 곱게 다져서 넣어준다. 라임 즙과 적당량의 아보카도 오일을 넣고 잘 섞어서 셰르물라를 준비한다.

레몬 솔트 오븐은 65도로 미리 예열한 뒤 블렌더에 레몬 제스트와 맬든 소금을 넣고 서로 섞이도록 갈아준다. 오븐 트레이에 실리콘 패드를 깔고 그 위에 갈아서 준비된 소금을 얇게 펴서 올려 오븐에서 20분 정도 말린 뒤 꺼내어 준비한다.

To serve / 담기

구운 아보카도를 접시 위에 올린 후 자몽 셰르물라를 아보카도 위와 주변에 올려주고 접시 위에 전체적으로 레몬 솔트를 뿌려준다. 우드 쏘렐을 올려 마무리한다.

Baked apricot with gorgonzola & bocconcini

고르곤졸라 치즈를 넣어 구운 살구 & 보콘치니

Ingredients / 재료

100g	Apricot(살구)
100g	Gorgonzola(고르곤졸라 치즈)
80g	Bocconcini(보콘치니 치즈)
100g	Sweet pumpkin(단호박)
30g	Honey(꿀)

Basil herb oil(바질 허브 오일)

200g	Basil(바질)
100ml	Extra virgin olive oil
	(엑스트라 버진 올리브 오일)
	Salt(소금)
	Honeycomb(석청 꿀)
	Mint basil(민트 바질)
	Pansy(팬지)
	Dandelion flower(단델리온꽃)

Method / 조리법

오븐은 190도로 예열하여 준비하고 살구는 반으로 갈라 씨를 제거한 후 고르곤졸라로 속을 채워주고 단호박은 파리지엔 스쿱으로 볼을 파서 준비한다. 오븐 트레이에 살구와 단호박을 올리고 그 위로 꿀을 뿌려주고 예열된 오븐에 넣어 10분 정도 익혀서 준비한다.

바질 허브오일 얼음물을 먼저 준비하고 끓는 물에 소금을 약간 넣고 바질잎을 넣고 2~3초 후에 바로 얼음물에 건져 넣는다. 손으로 꾹 짜서 물기를 제거하고 블렌더에 넣고 1분 정도 갈아준 후 시누아에 오일 필터용 거즈를 놓고 그 위에 부어 푸른빛의 바질 허브오일을 걸러 준비한다.

To serve / 담기

접시에 오븐에서 익힌 고르곤졸라 살구와 단호박을 올려주고 석청 꿀과 보콘치니 치즈도 곁들인다. 준비된 바질 허브오일을 주변으로 뿌려주고 팬지와 식용 민들레 꽃잎을 올려 마무리한다.

Porcini risotto & mushroom crisp with mushroom broth

포르치니 리소토 & 버섯 크리스프와 맑은 버섯 수프

Ingredients / 재료

Porcini risotto(포르치니 리소토)

30g	Dry porcini(건포르치니 버섯)
200g	Arborio rice(알보리오 쌀)
10g	Shallot(샬롯)
80ml	White wine(화이트 와인)
500ml	Chicken stock(치킨 스톡, page 401)
5g	Thyme(타임)
30g	Parmesan cheese(파마산 치즈)
	Olive oil(올리브 오일)
	Salt(소금)

Mushroom broth(맑은 버섯 수프)

50g	Dry porcini(건포르치니 버섯)
100g	Shiitake(표고버섯)
100g	Oyster mushroom(느타리버섯)
500ml	Chicken bouillon(치킨부용, page 235)
	Salt, Pepper(소금, 후추)

Mushroom crisp(버섯 크리스프)

20g	Button mushroom(양송이버섯)
20g	Shiitake(표고버섯)
20g	Enokitake(팽이버섯)
20g	Mustard leaves(청겨자잎)
1개	Egg yolk(유정란 노른자)

Method / 조리법

포르치니 리소토 차가운 물에 포르치니 버섯을 넣고 2시간 정도 불린 뒤 물기 없이 짜준 후에 잘게 다져 준비하고 치킨 스톡은 뜨겁게 끓여서 준비한다. 중불에 프라이팬을 올리고 올리브 오일을 두른 후에 샬롯을 다져서 넣고 2분 정도 익힌 후 쌀을 넣어 1분 정도 더 익혀준다.

다져서 준비된 포르치니 버섯과 함께 화이트 와인을 넣어 잘 저으면서 2분 정도 익혀준다. 뜨겁게 준비한 치킨 스톡을 3~4차례 정도로 나눠서 부어주고 저어가며 10분 정도 더 익혀준다. 쌀이 어느 정도 익으면 타임과 파마산 치즈를 넣고 소금으로 간을 맞춰 준비한다.

맑은 버섯 수프 포르치니 버섯은 리소토와 같은 방식으로 준비한 후 냄비에 모든 재료를 함께 넣어 약불에 30분 정도 끓여주고 소금, 후추로 간을 맞춘 뒤 고운 거즈에 걸러 맑은 수프를 준비한다.

버섯 크리스프 양송이와 표고 버섯을 1mm 두께로 얇게 저며주고 팽이버섯과 청겨자 잎은 적당한 크기로 준비한다. 오븐을 150도로 예열하고 트레이에 버섯들과 청겨자 잎을 올린 후 약간의 오일을 발라 15분 정도 넣어 바싹하게 익혀서 준비한다.

To serve / 담기

접시 가장자리를 원형으로 돌려가며 리소토를 담아주고 그 위에 버섯 크리스프와 청겨자 잎을 올려준다. 중앙에 유정란 노른자를 올려주고 맑은 버섯 수프를 부어 마무리한다.

Jamon & soft free-range egg, manchego cheese, summer melons salad

하몽 & 유기농 온천 달걀, 만체고 치즈, 멜론 샐러드

Ingredients / 재료

100g	Jamon(하몽)
3개	Organic eggs(유기농 달걀)

Salad(샐러드)

100g	Watermelon(수박)
100g	Honeydew melon(허니듀멜론)
100g	Muskmelon(머스크멜론)
20ml	Lime juice(라임주스)
10g	Honey(꿀)
50ml	Eextra virgin olive oil (엑스트라 버진 올리브 오일)
	Salt(소금)
	Manchego cheese(만체고 치즈)
	Green olive(그린 올리브)
	Peppermint(페퍼민트)
	Sweet dill(스위트 딜)
	Dill flower(딜꽃)
	Sage flower(세이지꽃)

Method / 조리법

온천 달걀 수비드 머신을 63도로 맞춘 뒤 달걀을 넣어 1시간 30분 동안 익혀서 찬물에 담갔다 꺼내어 노른자가 터지지 않도록 조심스럽게 껍질을 깨서 준비한다.

샐러드 수박, 허니듀와 머스크멜론은 파리지엔을 이용하여 볼로 파서 준비하고 믹싱 볼에 올리브 오일, 꿀, 라임주스와 소금으로 간을 맞춰 드레싱을 준비한다. 준비된 드레싱에 볼을 파놓은 수박과 멜론을 넣고 잘 버무려 준비한다.

하몽 햄을 30mm 크기로 자른 뒤 돌돌 말아서 준비하고 만체고 치즈는 얇게 슬라이스해서 준비한다.

To serve / 담기

샐러드 볼에 조심스럽게 달걀을 올리고 준비된 샐러드를 올려준다. 하몽과 만체고 치즈도 올려주고 그린 올리브와 페퍼민트, 딜, 딜꽃과 세이지꽃을 추가하여 마무리한다.

Warm vanilla sangria & poached fruits with honeycomb

따뜻한 바닐라 상그리아 & 포치드 과일과 석청 꿀

Ingredients / 재료

Vanilla sangria(바닐라 상그리아)

500ml	Red wine(레드 와인)
30ml	Brandy(브랜디)
150ml	Lychee juice(리치 주스)
80g	Orange(오렌지)
50g	Apple(사과)
50g	Pear(배)
20g	Apricot(살구)
1개	Vanilla bean(바닐라 빈)
120ml	Sugar syrup(설탕시럽)
50ml	Honey(꿀)

Poached fruits(포치드 과일)

30g	Cherry(체리)
30g	Strawberry(딸기)
30g	Apricot(살구)
10g	Kumquat(금귤)
50g	Orange(오렌지)
50g	Grapefruit(자몽)
50g	Honeycomb(석청 꿀)
10g	Mulberry(오디)
	Blue Cornflower(수레국화)
	Lemon thyme(레몬타임)
	Orange peel(오렌지 껍질)

Method / 조리법

바닐라 상그리아 사과, 배와 살구는 껍질과 씨를 제거하고 오렌지는 껍질째로 깨끗이 손질한 후 적당한 크기로 잘라 모슬린 백(Muslin bag)에 바닐라 빈을 반으로 갈라 함께 넣고 입구를 막아 준비한다. 냄비에 과일을 채워 준비된 모슬린 백을 넣고 레드 와인과 브랜디를 부어 강불에 올려 플랑베(Flambee)를 하고 약불로 줄인 후에 10분 정도 끓여준다. 10분 정도 끓인 후에 리치주스, 시럽과 꿀을 함께 넣고 10분 정도 더 지난 후 불에서 내려 상온상태로 2시간 정도 보관하여 과일과 바닐라의 향이 배도록 보관한다. 시간이 지나면 모슬린 백을 건져 준비한다.

포치드 과일 살구와 금귤은 반으로 잘라 씨를 모두 제거하고 오렌지와 자몽은 세그먼트(Segment)하고 딸기도 반으로 잘라 준비한다. 준비된 상그리아를 약불에 올리고 끓기 시작하면 오렌지와 자몽을 제외하고 손질된 과일을 넣어 5분 정도 익혀 준비한다.

To serve / 담기

수프 볼을 따뜻하게 준비하고 세그먼트된 자몽과 오렌지를 가지런히 담아준다. 그 옆으로 포치드되어 준비된 과일들을 담아주고 석청도 함께 올려준다. 오렌지 껍질에 수레국화를 채워 올리고 바닐라 빈과 레몬타임을 올려 마무리한다.

Strawberry consommé with thyme
관하 딸기와 타임 향의 딸기 콩소메

Ingredients / 재료

Strawberry consommé(딸기 콩소메)
300g Strawberries(관하 딸기)
20g Sugar(설탕)
10ml Honey(꿀)
15g Thyme flower(타임꽃)

Strawberry puree(딸기 퓌레)
200g Strawberries(딸기)
30g Sugar(설탕)
5ml Lemon juice(레몬주스)

100g Strawberries(관하 딸기)
Thyme flower(타임꽃)

Method / 조리법

딸기 콩소메 딸기의 꼭지를 제거하고 깨끗하게 씻어 BMP(Bain-marie pot)에 설탕, 꿀, 타임꽃을 함께 넣고 으깨준다. BMP를 랩으로 밀봉하듯 꼼꼼하게 싸서 덮어주고 중탕기에 넣어 약불에서 40분 정도 익혀준다. BMP를 꺼내어 실온에서 1시간 정도 식힌 후 시누아에 내려 맑은 콩소메로 걸러주고 냉장고에 넣어 준비한다.

딸기 퓌레 푸드 블렌더(Food blender)에 딸기와 설탕을 넣어 곱게 갈아준다. 약불에 소스 팬을 올리고 갈아준 딸기를 부어 살짝 데워준 후 고운체에 거르고 소스 튜브에 채워 식힌 뒤 냉장고에 넣어 준비한다.

관하 딸기의 꼭지를 제거한 뒤 깨끗하게 씻어주고 3mm 두께로 슬라이스하여 준비한다.

To serve / 담기

차갑게 준비된 수프 볼에 슬라이스하여 준비된 관하 딸기를 포개면서 올려주고 그 위에 소스 튜브에 준비된 딸기 퓌레를 조금씩 올려준다. 딸기 퓌레 위에 타임꽃을 하나씩 올려주고 가장자리로 딸기 콩소메를 부어서 마무리한다.

Strawberry macaron cake with strawberry sorbet

딸기 마카롱 케이크와 딸기 셔벗

Ingredients / 재료

Strawberry macaron(딸기 마카롱 쿠키)
140g   Egg white(달걀 흰자)
80g   Sugar(설탕)
160g   Almond powder(아몬드가루)
210g   Sugar powder(슈거파우더)
40g   Strawberry powder(딸기파우더)

Cream filling(크림 필링)
100g   Cream cheese(크림치즈)
20g   Sugar(설탕)
100g   Vanilla custard cream
          (바닐라 커스터드 크림, page 387)

Strawberry sorbet(딸기 셔벗)
200g   Strawberries(딸기)
100g   Sugar(설탕)
100ml   Water(물)
50ml   Corn syrup(콘시럽)
20ml   Lime juice(라임주스)

Meringue cookie(머랭 쿠키)
150g   Egg white(달걀 흰자)
150g   Sugar(설탕)
3ml   Lime juice(라임 즙)

          Raspberries(라즈베리)
          Chervil(처빌)
          Geranium flower(제라늄꽃)
          Calendula flower(컬렌듈라꽃)

Method / 조리법

딸기 마카롱 쿠키 믹싱 볼에 달걀 흰자를 넣고 설탕을 3~4차례 나눠 넣어가며 핸드믹서 거품기를 이용하여 거품을 부드럽게 올려준다. 아몬드 가루, 슈거파우더와 딸기파우더를 혼합하여 덩어리지지 않도록 체에 내린 후 거품낸 달걀 흰자에 넣고 조심스럽게 혼합하여 준다. 원형 깍지를 파이핑백(Piping bag)에 끼우고 혼합된 반죽을 채워 넣는다. 오븐 팬에 실리콘 패드를 깔고 지름 30mm와 80mm의 2가지 원형의 크기로 짠다. 20분 정도 반죽의 윗면이 손에 묻지 않을 정도로 말려주고 오븐도 160도로 예열하여 준다. 적당하게 말린 반죽을 예열된 오븐에 넣어 15분 정도 익혀주고 꺼내어 트레이에 옮겨 담고 10분 정도 식혀서 준비한다.

크림 필링 믹싱 볼에 크림치즈와 설탕을 넣고 핸드믹서 거품기를 이용하여 부드럽게 될 때까지 저어준다. 크림치즈가 부드러워지면 바닐라 커스터드 크림을 넣고 잘 혼합하여 주고 파이핑백에 넣어 준비한다.

딸기 셔벗 소스 팬을 약불에 올리고 설탕과 물을 10분 정도 끓여 시럽을 만들어주고 식혀서 준비한다. 푸드 블렌더에 딸기와 라임주스를 넣고 곱게 간 뒤 시누아에 걸러 퓌레상태로 준비한다. 준비된 퓌레와 설탕시럽, 콘시럽을 믹싱 볼에 함께 넣고 위스크로 잘 섞어 아이스크림 머신(Ice cream machine)에 넣고 셔벗을 만들어 완성한다.

머랭 쿠키 믹싱 볼에 뜨거운 물을 준비하고 약간 작은 크기의 다른 믹싱 볼에 달걀 흰자와 설탕을 넣어 뜨거운 물 위에 올린 후 핸드믹서 거품기로 저으면서 설탕을 녹여준다. 설탕이 녹으면 물에서 내려 라임 즙을 첨가한 후 거품기로 계속해서 저어준다. 거품이 반투명하면서 단단하게 굳기 시작하면 여러 모양의 깍지를 파이핑백에 끼워 반죽을 채워준다. 오븐은 80도로 예열하고 오븐 팬에 실리콘 패드를 간 후 그 위에 다양한 모양의 머랭 반죽을 짜서 1시간 정도 구워 완성한다.

To serve / 담기

마카롱 쿠키 중간에 준비된 크림 필링을 채워서 샌드위치 형태로 만들고 큰 마카롱을 뒤집어서 먼저 올린다. 그 위에 크림 필링을 적당히 짜서 작은 마카롱도 세워서 올려준다. 라즈베리와 처빌, 꽃들과 머랭 쿠키를 올려주고 한쪽 바닥에 머랭 쿠키를 놓고 그 위에 딸기 셔벗을 올려 마무리한다.

Cherry clafoutis
체리 클라푸티

Ingredients / 재료

200g	Cherries(체리)
100g	Sugar(설탕)
	Butter(버터)

Batter(반죽)

30g	Butter(버터)
150g	Egg(달걀)
60g	Sugar(설탕)
150g	Flour(밀가루)
100ml	Milk(우유)
150ml	Cream(크림)
3g	Salt(소금)

Sugar powder(슈거파우더)

Method / 조리법

아이언 팬에 약간의 버터를 발라 준비한다. 체리는 씨와 꼭지를 제거하지 않고 깨끗하게 씻은 뒤 용기에 담아 설탕과 함께 버무린 후 1시간 정도 재운 뒤 체에 내려 준비한다.

반죽 용기에 밀가루를 체에 내려 준비한다. 다른 용기에 달걀과 설탕, 소금을 넣고 위스크를 이용하여 부드럽게 풀어주고 체에 걸러 준비된 밀가루를 넣고 잘 섞어준다. 버터를 부드럽게 녹인 후 우유, 크림과 함께 넣고 잘 섞어서 반죽을 준비한다.

오븐을 180도로 예열하고 준비된 아이언 팬에 설탕에 버무린 체리를 가지런히 올려주고 체리가 절반 정도 잠기도록 반죽을 준다. 오븐에 넣어 30분 정도 익혀준 후 노릇해지면 꺼내어 약간의 슈거파우더를 뿌린 뒤 3분 정도 더 익혀준다.

To serve / 담기

실온에서 10분 정도 지난 후 슈거파우더를 약간 뿌려서 마무리한다.

Raspberry mille-feuille with raspberry sauce

라즈베리 밀푀유와 라즈베리 소스

Ingredients / 재료

Pastry pie(페스트리 파이)

200g	Soft flour(박력분)
200g	Butter(버터)
50ml	Cold water(찬물)
20g	Egg yolk(달걀 노른자)
3g	Salt(소금)
1개	Egg(달걀)

Raspberry sauce(라즈베리 소스)

200g	Raspberries(산딸기)
100g	Sugar(설탕)
80ml	Water(물)
20ml	Lime juice(라임 즙)

Raspberry cream(라즈베리 크림)

100g	Cream cheese(크림치즈)
	Raspberry sauce(라즈베리 소스)
100g	Vanilla custard cream (바닐라 커스터드 크림, page 387)
100g	Raspberries(산딸기)
	Apple mint(애플민트)
	Sugar powder(슈거파우더)

Method / 조리법

페스트리 파이 밀가루는 체에 거르고 차가운 버터를 10mm 크기로 잘라 푸드 프로세서에 넣고 버터와 밀가루를 잘 혼합시킨다. 찬물, 달걀 노른자와 소금을 함께 섞어서 혼합된 밀가루에 넣어 한 덩어리의 반죽을 만들어준다. 밀대를 이용하여 반죽을 2mm 두께로 밀어주고 3겹으로 접은 후에 냉장고에 넣고 1시간 정도 휴지시킨다. 밀어주고 접어준 후 냉장 휴지과정을 3~4회 정도 반복하여 준다. 휴지를 마친 반죽을 2mm 두께로 밀어서 30mm×80mm 크기로 잘라주고 오븐 팬에 올린 후 윗면에 달걀물을 발라주고 실온에서 10분 정도 휴지시킨다. 오븐을 180도로 예열하여 넣고 15분 정도 익히고 식혀서 파이를 완성한다.

라즈베리 소스 소스 팬을 약불에 올리고 모든 재료를 함께 넣어 바닥에 붙지 않도록 저어주며 10분 정도 끓인다. 불에서 내린 후 핸드 블렌더를 이용하여 곱게 갈아주고 시누아(Chinois)에 걸러 식혀서 소스를 완성한다.

라즈베리 크림 믹서기에 크림치즈를 넣어 부드럽게 만든 후 커스터드 크림, 라즈베리 소스와 함께 잘 혼합하고 파이핑백에 담아 준비한다.

밀푀유 구워진 페스트리 파이 한 장을 바닥에 놓고 산딸기와 라즈베리 크림을 지그재그로 파이 위에 올려 채워준다. 같은 방식으로 나머지 파이도 3층으로 쌓아 올려 완성한다.

To serve / 담기

접시 바닥에 라즈베리 소스를 발라주고 완성된 밀푀유 위에 애플민트와 슈거파우더를 뿌려주고 접시에 옮겨 담아 마무리한다.

Lemon meringue tart with lemon sorbet

레몬 머랭 타르트와 레몬 셔벗

Ingredients / 재료

Lemon custard cream(레몬 커스터드 크림)

500ml	Milk(우유)
2개	Lemon(레몬)
30g	Butter(버터)
30g	Soft flour(박력분)
80g	Egg yolk(달걀 노른자)
120g	Sugar(설탕)

Italian meringue(이탤리언 머랭)

100g	Egg white(달걀 흰자)
50g	Sugar A(설탕 A)
150g	Sugar B(설탕 B)
50ml	Water(물)

Lemon sorbet(레몬 셔벗)

2개	Lemon(레몬)
100ml	Lemon juice(레몬 즙)
100g	Sugar(설탕)
100ml	Water(물)

Sweet pastry crust
(스위트 페스트리, page 379)
Meringue cookie
(머랭 쿠키, page 367)
White primula(화이트 프리뮬러)

Method / 조리법

레몬 커스터드 크림 소스 팬을 중불에 올려 우유를 넣어 60도까지 온도를 올린다. 그레이터(Grater)를 이용하여 레몬의 껍질을 갈아서 넣고 설탕, 버터를 넣은 후 데워지면 불에서 내린다. 믹싱 볼에 박력분을 체에 내리고 달걀 노른자와 함께 잘 혼합하여 준다. 혼합된 반죽을 데워진 우유에 조금씩 넣고 위스크로 저어가며 부드러운 크림형태를 만들어준다. 크림이 완성되면 얼음 위에 믹싱 볼을 올리고 저어가며 식히고 파이핑백에 담아 준비한다.

이탤리언 머랭 소스 팬에 설탕 B와 물을 넣고 설탕이 녹을 때까지 끓인 후에 불을 끄고 뜨겁게 준비한다. 거품기에 달걀 흰자를 넣고 50% 정도로 거품을 만들어준다. 설탕 A를 3회 정도로 나눠가면서 넣고 80%까지 거품을 만들어준다. 뜨겁게 준비된 설탕물을 머랭에 조금씩 넣어주면서 거품을 올려 이탤리언 머랭을 완성하고 모양깍지를 끼운 파이핑백에 담아 준비한다.

레몬 셔벗 소스 팬을 약불에 올리고 설탕, 물과 함께 레몬 껍질을 제스터(Zester)로 곱게 밀어서 넣고 10분 정도 끓여 시럽 형태로 만들어 식혀준다. 레몬 즙과 함께 껍질을 제거한 레몬도 즙을 짜서 추가하고 만들어진 시럽과 함께 아이스크림 머신(Ice cream machine)에 넣고 셔벗을 만들어 완성한다.

레몬 머랭 타르트 스위트 페스트리 안에 레몬 커스터드를 절반 정도 채워 넣고 이탤리언 머랭을 그 위로 중앙에서 가장자리로 돌려가며 길게 짜면서 올려준다. 토치를 이용하여 머랭 윗부분을 색을 내서 준비한다.

To serve / 담기

레몬 머랭 타르트 가장자리로 화이트 프리뮬러를 올려 접시에 담아준다. 타르트 옆으로 머랭을 조금 부숴서 깔고 그 위에 레몬 셔벗을 커넬(Quenelle) 스푼으로 모양 잡아 올리고 머랭 쿠키를 올려 마무리한다.

Mascarpone creme brulee with fresh strawberries

마스카르포네 크렘 브륄레와 야생 딸기

Ingredients / 재료

**Mascarpone creme brulee
(마스카르포네 크렘 브륄레)**

1개	Vanilla bean(바닐라 빈)
100ml	Double cream(더블크림)
200ml	Milk(우유)
100g	Mascarpone(마스카르포네)
80g	Egg yolk(달걀 노른자)
70g	Sugar(설탕)

100g	Wild strawberries(야생딸기)
	Sugar(설탕)
	Apple mint(애플민트)

Method / 조리법

마스카르포네 크렘 브륄레 약불에 소스 팬을 올리고 우유, 크림, 마스카르포네와 함께 바닐라 빈의 속을 긁어내어 그 속에 넣고 잘 저어가며 살짝 데우듯 끓여준다. 믹싱 볼에 달걀 노른자와 설탕을 넣고 위스크를 이용하여 설탕이 녹아 노른자에 섞이도록 잘 저어서 준비한다. 데워진 우유를 믹싱 볼에 있는 달걀 노른자에 조금씩 부어가며 잘 섞어주고 체에 걸러 라메킨(Ramekin)에 70% 정도 채워 준비한다. 오븐을 150도로 예열하고 오븐 팬의 바닥이 약간 잠길 정도로 물을 채워 준비한다. 채워진 라메킨을 오븐 팬에 올려 오븐에 넣고 40분 정도 익힌 후 꺼내어 실온에 식혀준다.

To serve / 담기

크렘 브륄레 위가 살짝 덮이도록 설탕을 뿌려주고 토치를 이용하여 캐러멜라이징하여 준다. 야생딸기와 애플민트를 올려 마무리한다.

Apple tart with crème chantilly
애플 타르트와 샹티크림

Ingredients / 재료

**Sweet pastry crust
(스위트 페스트리)**

180g	Soft flour(박력분)
50g	Sugar(설탕)
70g	Egg(달걀)
3g	Salt(소금)
110g	Butter(버터)

**Caramelized apple filling
(캐러멜라이즈 애플 필링)**

200g	Apple(사과)
50g	Sugar(설탕)
20g	Butter(버터)
30ml	Cream(크림)
2g	Cinnamon powder(시나몬 파우더)

메이플 글레이즈(Maple glaze)

100ml	Maple syrup(메이플 시럽)
50ml	Calvados(칼바도스)

Crème chantilly(샹티크림)

300ml	Double cream(더블크림)
2g	Vanilla powder(바닐라 파우더)
30g	Sugar powder(슈거파우더)

1개	Apple(사과)
	Heliotropium(헬리오트로피움)
	Italian parsley(이탤리언 파슬리)

Method / 조리법

스위트 페스트리 실온에 버터를 부드럽게 만든 후 설탕과 함께 믹서기에 넣어 비터(beater)로 돌려주면서 잘 혼합되도록 한다. 여기에 달걀을 넣고 잘 혼합하여 주고 밀가루와 소금을 체에 내린 후 믹서기에 넣어 반죽을 완성한다. 완성된 반죽을 랩으로 말아 냉장고에 넣고 한 시간 정도 휴지시켜 준비한다. 휴지가 되면 꺼내어 150g 정도 분할하여 롤러로 2mm 두께로 평평하게 밀고 피케 롤러(Pique roller)로 눌러가며 구멍을 뚫어준다. 지름 4인치 타르트 팬에 꼭꼭 다듬어가며 반죽을 바닥에 깔아준다. 오븐을 180도로 예열 후 파이반죽 위에 유산지를 깔고 그 위에 파이 웨이트(Pie weights)를 올려 15분 정도 익힌 후 식혀서 준비한다.

캐러멜라이징 애플 필링 사과의 껍질과 씨를 제거하고 과육을 5mm 크기로 다져준다. 소스 팬을 약불에 올리고 설탕을 넣어 끓으면서 갈색으로 변하기 시작하면 버터를 넣고 조금 더 색을 낸 후 버터를 넣어준다. 버터가 녹으면 다져진 사과와 크림을 넣고 15분 정도 바닥에 붙지 않도록 끓이고 조려서 사과를 부드럽게 하고 시나몬 파우더를 넣고 5분 정도 더 조려서 준비한다.

메이플 글레이즈 소스 팬을 약불에 올려 칼바도스에 불을 붙이며 끓이다가 불이 꺼지면 메이플 시럽을 넣고 살짝만 끓여 시럽을 준비한다.

샹티크림 믹싱 볼에 더블크림과 바닐라 파우더를 넣고 위스크를 이용하여 샹티크림의 80% 정도까지 거품을 만들어주고 슈거파우더를 넣고 마지막 완성까지 거품을 더 올려서 샹티크림을 완성한다.

애플 타르트 스위트 페스트리 안에 애플 필링을 절반 정도 채워 넣는다. 사과를 1mm 두께로 얇게 슬라이스하고 한 겹씩 애플 필링 위로 돌려가며 올려준다. 180도로 예열된 오븐에 넣고 15분 정도 익혀서 사과가 노릇하게 구워지면 꺼내어 메이플 글레이즈를 사과 위에 윤기가 나도록 발라서 마무리한다.

To serve / 담기

케이크 스탠드 위에 애플 타르트를 올려주고 옆으로 샹티크림을 한 스푼 올려준다. 샹티크림 위에 헬리오트로피움꽃을 올려주고 이탤리언 파슬리를 타르트 위에 올려 마무리한다.

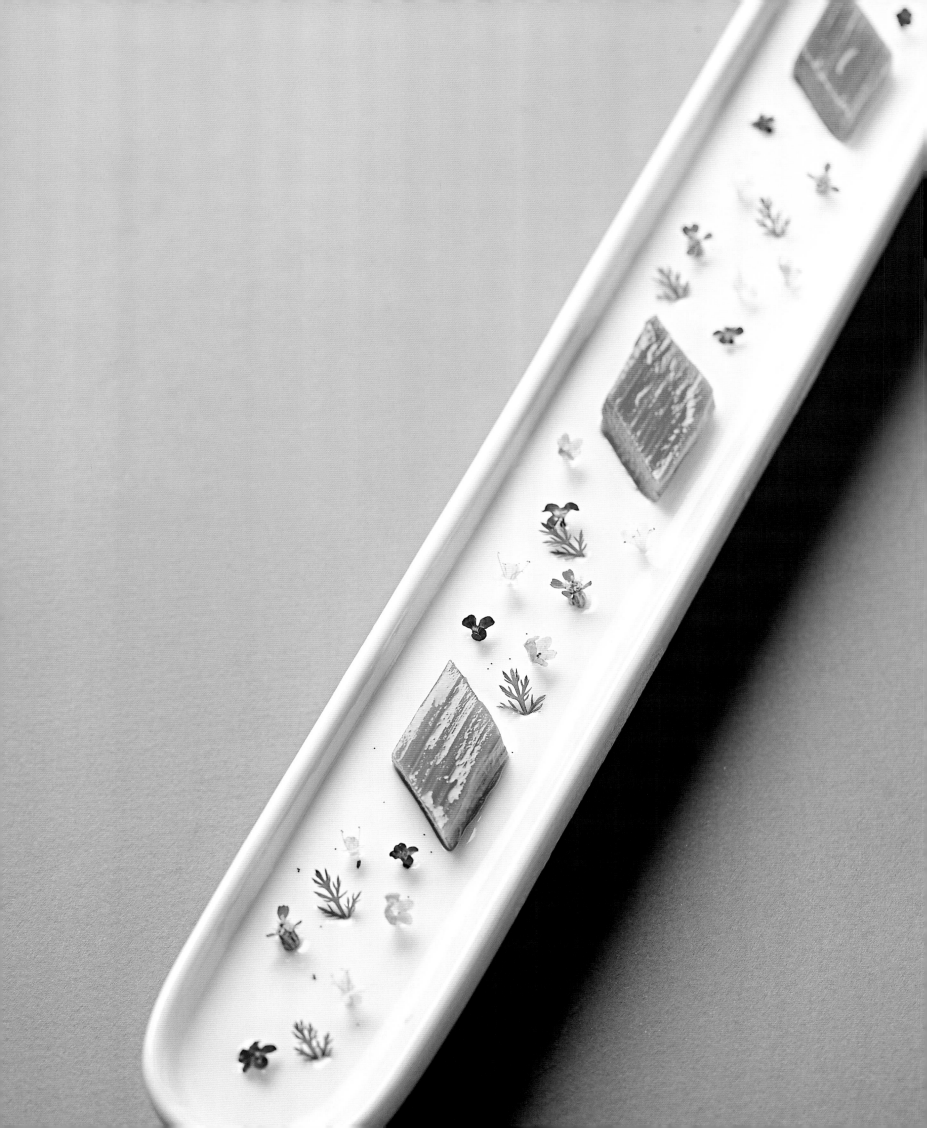

Vanilla Panna cotta with sous vide rhubarb

바닐라 판나 코타와 수비드 루바브

Ingredients / 재료

Vanilla panna cotta(바닐라 판나 코타)

200ml	Milk(우유)
300ml	Double cream(더블크림)
80g	Sugar(설탕)
1개	Vanilla bean(바닐라 빈)
2장	Gelatin(젤라틴)

Sous vide rhubarb(수비드 루바브)

100g	Rhubarb(루바브)
20g	Sugar(설탕)
10ml	Grenadine syrup(그레나딘 시럽)

Yarrow & flower(얘로 & 꽃)
Basil flower(바질꽃)

Method / 조리법

바닐라 판나 코타 믹싱 볼에 찬물을 담고 젤라틴을 넣어 10분 정도 두어 부드럽게 만들어준다. 소스 팬을 약불에 올리고 우유, 크림과 설탕을 넣어주고 바닐라 빈은 절반으로 갈라 속을 긁어내어 소스 팬에 함께 넣고 설탕이 녹을 때까지 끓여준다. 부드럽게 만들어진 젤라틴을 넣어주고 위스크로 젤라틴이 완전히 녹을 때까지 잘 저어준다. 고운체에 한번 걸러 접시에 채워주고 랩으로 위를 덮어 냉장고에서 2시간 정도 굳혀서 준비한다.

수비드 루바브 수비드 머신(Sous vide machine)을 60도로 예열하여 준비하고 루바브는 깨끗하게 손질하여 배큠 백(Vacuum bag)에 들어갈 수 있는 크기로 잘라서 준비한다. 배큠 백에 손질된 루바브와 함께 설탕, 그레나딘 시럽을 넣어주고 실링(Sealing)하여 준다. 실링된 루바브를 예열된 수비드 머신에 넣고 40분 정도 익힌 후에 꺼내어 식혀서 준비한다.

To serve / 담기

냉장고에 굳혀서 준비된 판나 코타 위에 루바브를 다이아몬드 모양으로 잘라서 올려주고 얘로잎, 꽃과 바질꽃을 올려 마무리한다.

Wild strawberry Vacherin

야생딸기 바슈랭

Ingredients / 재료

**Wild Strawberry ice cream
(야생딸기 아이스크림)**

300g	Wild strawberries(야생딸기)
80g	Sugar(설탕)
160ml	Cream(크림)
160ml	Milk(우유)
100g	Egg yolk(달걀 노른자)

Strawberry puree(딸기 퓌레, page 365)
Meringue cookie(머랭 쿠키, page 367)
Fresh wild strawberries(야생딸기)

Chervil & flower(처빌 & 꽃)
Calendula flower(컬렌듈라꽃)
Crimson clover flower
(크림슨 클로버꽃)
Thyme(타임)

Method / 조리법

야생딸기 아이스크림 믹싱 볼에 딸기와 설탕 30g을 섞어 냉장고에 넣고 2시간 정도 절여준다. 중불에 소스 팬을 올리고 우유와 크림을 부어 80도 정도로 온도를 올려준다. 믹싱 볼에 나머지 설탕과 달걀 노른자를 넣어 설탕이 녹을 정도로 잘 혼합하여 주고 온도가 오른 우유와 크림을 위스크로 저어가며 조금씩 넣고 섞어 크림형태를 만들어준다. 크림형태가 되면 블렌더에 준비된 절인 딸기와 함께 넣어 곱게 갈고 아이스크림 머신에 넣어 완성한다.

To serve / 담기

볼 접시 중앙에 머랭 쿠키를 부숴서 올리고 그 위에 아이스크림 스쿱(Ice cream scoop)을 이용하여 아이스크림을 올려준다. 딸기 퓌레를 주위에 부려주고 야생딸기를 그 위에 올려준다. 머랭 쿠키를 딸기와 아이스크림 위로 올려주고 꽃잎과 허브를 올려 마무리한다.

Rhubarb & oldham's blueberry puff pastry with vanilla custard cream

루바브 & 토종 블루베리 퍼프 페스트리와 바닐라 커스터드 크림

Ingredients / 재료

Rhubarb topping(루바브 토핑)
300g　　Rhubarb(루바브)
200g　　Sugar(설탕)
200ml　Water(물)

Clean glaze(클린 글레이즈)
20g　　 Sugar(설탕)
20g　　 Glucose(글루코스)
180ml　Water(물)
2장　　 Gelatin(젤라틴)

Vanilla custard cream(바닐라 커스터드 크림)
500ml　Milk(우유)
1개　　 Vanilla bean(바닐라 빈)
30g　　 Butter(버터)
50g　　 Soft flour(박력분)
80g　　 Egg yolk(달걀 노른자)
120g　　Sugar(설탕)

2장　　 Puff pastry(퍼프 페스트리)
1개　　 Egg(달걀)

100g　　Oldham's blueberries
　　　　(토종 블루베리/정금열매)

　　　　Heliotropium(헬리오트로피움)
　　　　Blue sage flower(블루 세이지꽃)
　　　　Jasmine flower(재스민꽃)
　　　　Yarrow flower(얘로꽃)
　　　　Basil flower(바질꽃)
　　　　Blue cornflower(수레국화)

Method / 조리법

루바브 토핑 루바브를 100mm 크기로 잘라 준비한다. 소스 팬을 약불에 올리고 설탕과 물을 넣어 끓이면서 시럽의 형태를 만든다. 시럽에 준비된 루바브를 넣은 후 바로 불을 끄고 실온에 두고 식혀서 준비한다.

클린 글레이즈 소스 팬을 약불에 올려 설탕, 글루코스와 물을 넣고 끓인다. 찬물에 부드럽게 불린 젤라틴을 팬에 넣고 풀어주며 녹인 후 고운체에 걸러 완성한다.

바닐라 커스터드 크림 소스 팬을 중불에 올려 우유를 넣고 60도까지 온도를 올린다. 바닐라 빈의 속을 긁어 설탕, 버터와 함께 넣고 조금 더 데운 후에 불에서 내린다. 믹싱 볼에 박력분을 체에 내리고 달걀 노른자와 함께 잘 혼합하여 준다. 혼합된 반죽을 데워진 우유에 조금씩 넣고 위스크로 저어가며 부드러운 크림형태를 만들어준다. 크림이 완성되면 얼음 위에 믹싱 볼을 올리고 저어가며 식혀서 준비한다.

퍼프 페스트리 퍼프 페스트리 도우를 100mm 지름의 원형 틀로 4장을 찍어내고 2장은 80mm 지름의 원형 틀로 중앙부분을 찍어 가장자리 부분을 100mm 도우 위에 올려 둥근 그릇모양의 페스트리 2개를 만들어준다. 밑장의 중앙부분을 포크로 찍어주고 바닐라 커스터드 크림으로 중앙을 2/3까지 채워준다. 달걀물을 만들어 가장자리 부분 도우에 발라주고 180도로 예열된 오븐에 넣고 15분 정도 익힌 뒤 꺼내어 실온에서 식혀준다.

To serve / 담기

커스터드 크림이 채워진 퍼프 페스트리 한 개에는 토종 블루베리, 또 다른 하나의 퍼프 페스트리에는 시럽에 절여진 루바브를 5mm 두께로 잘라 돌려가며 채워준다. 클린 글레이즈를 브러시로 토핑 위에 발라주고 식용 꽃들을 올려 마무리한다.

Stuffed éclair with vanilla custard & carnation

바닐라 커스터드 에클레르와 향 카네이션

Ingredients / 재료

Choux pastry(슈 페스트리)

100ml	Milk(우유)
100ml	Water(물)
80g	Butter(버터)
5g	Sugar(설탕)
2g	Salt(소금)
120g	Soft flour(박력분)
200g	Egg(달걀)

Fondant icing(퐁당 아이싱)

300g	Sugar(설탕)
120ml	Water(물)
20g	Glucose(글루코스)

Vanilla custard cream
(바닐라 커스터드 크림, page 387)

Carnation(향 카네이션)
Swan river daisy(사계국화)

Method / 조리법

슈 페스트리 소스 팬을 약불에 올리고 우유, 물과 버터를 넣어 끓기 시작하면 설탕과 소금을 넣어준다. 박력분을 끓는 우유에 넣고 주걱으로 잘 저어 한 덩어리의 반죽형태가 되도록 저어주며 익힌다. 반죽이 윤기가 나면서 바닥에 붙기 시작할 정도로 익혀지면 불을 끄고 주걱으로 저어주며 미지근한 온도까지 식혀준다. 식힌 반죽에 달걀을 3회 정도 나누어 부으면서 매끄럽게 잘 혼합하여 준다. 파이핑백에 줄무늬의 깍지를 끼워주고 반죽을 채워준다. 오븐을 180도로 예열하여 준비한다. 오븐 트레이에 실리콘 패드를 깔고 반죽을 120mm 길이로 일정하게 짜준다. 반죽 위에 달걀물을 발라주고 오븐에 넣어 20분 정도 구워서 준비한다.

퐁당 아이싱 약불에 소스 팬을 올리고 설탕과 물을 넣은 후 온도계 측정으로 120도까지 끓여 시럽을 만든다. 팬에 뚜껑을 덮고 실온에서 미지근한 온도가 될 때까지 식혀주고 핸드 믹서기를 이용하여 거품을 만들듯이 빠르게 저어준다. 투명했던 시럽이 하얀 덩어리 형태로 뭉치기 시작하면 멈추고 용기에 담아 냉장고에 넣어 준비한다.

To serve / 담기

파이핑백에 바닐라 커스터드 크림을 넣고 슈의 속을 채워준다. 슈 위로 퐁당 아이싱을 길게 발라주고 향 카네이션 꽃잎들과 사계국화를 올린 뒤 접시에 담아 마무리한다.

Chocolate mousse dome cake
초콜릿 무스 돔 케이크

Ingredients / 재료

Chocolate mousse(초콜릿 무스)

120g	Egg yolk(달걀 노른자)
100g	Sugar(설탕)
200g	Dark chocolate(다크 초콜릿)
100g	Butter(버터)
80g	Cocoa powder(코코아 파우더)
300ml	Dubble cream(더블크림)

**Chocolate dome & shard
(초콜릿 돔 & 샤드)**

180g	Dark chocolate(다크 초콜릿)
	Lavender flower(라벤더꽃)
	Borage flower(보리지꽃)

Method / 조리법

초코릿 무스 믹서기에 달걀 노른자와 설탕을 넣고 완전히 녹을 때까지 돌리며 혼합한다. 믹싱 볼에 다크 초콜릿을 다진 후 버터, 코코아 파우더와 함께 중탕기에 올리고 잘 저어 녹이면서 부드럽게 혼합하여 준다. 혼합된 초콜릿을 믹서기에 있는 달걀 노른자에 넣고 같이 혼합하여 준다. 노른자와 초콜릿이 섞이면 더블크림을 50% 정도까지 거품을 올려 넣고 잘 혼합하여 파이핑백에 담아 준비한다.

초콜릿 돔 케이스 다크 초콜릿을 믹싱 볼에 넣어 템퍼링(Tempering) 작업을 하면서 윤기가 나면 브러시를 이용하여 돔 모양 초콜릿 몰드 표면의 모든 부분이 균일한 두께가 되도록 발라준다. 냉장고에 넣어 1시간 정도 보관한 후 조심스럽게 틀에서 꺼내어 준비한다.

초콜릿 샤드 돔 케이스와 동일하게 템퍼링 작업을 한 초콜릿을 대리석판 위에 부어 올려 스패츌러로 얇고 넓게 펴준다. 초콜릿 표면이 조금 굳기 시작하면 스패츌러로 긁어주면서 모양을 만들어 준비한다.

To serve / 담기

파이핑백에 담긴 무스를 돔 케이스에 채워 담아 접시 중앙에 올리고 보리지와 라벤더 꽃을 돔 가장자리에 동그랗게 놓아준다. 초콜릿 샤드 가니쉬를 돔 중앙에 올려 마무리한다.

Opera cake with chocolate sauce
오페라 케이크와 초콜릿 소스

Ingredients / 재료

Ganache(가나슈)

100ml	Fresh cream(생크림)
200g	Dark chocolate(다크 초콜릿)
20g	Butter(버터)
10ml	Rum(럼)

Genoise(제누아즈)

200g	Egg(달걀)
180g	Sugar(설탕)
50ml	Inverted sugar(인버트 슈거)
20ml	Milk(우유)
150g	Soft flour(박력분)
30g	Butter(버터)

Chocolate sauce(초콜릿 소스)

100g	Dark chocolate(다크 초콜릿)
50ml	Fresh cream(생크림)
30ml	Maple syrup(메이플 시럽)

Chocolate mousse
(초콜릿 무스, page 391)
Chocolate shard
(초콜릿 샤드, page 391)

Method / 조리법

가나슈 소스 팬에 생크림을 넣고 약불에 올려 가장 자리가 살짝 끓기 시작하면서 온도가 오르기 시작하면 불을 끄고 다크 초콜릿을 넣는다. 다크 초콜릿이 어느 정도 녹으면 버터와 럼을 넣고 잘 섞어 가나슈를 만든다.

제누아즈 오븐은 170도로 예열하고 우유와 버터를 섞어 버터가 녹을 정도만 살짝 데워서 준비한다. 믹싱 볼에 달걀을 넣고 핸드 믹서기로 부드럽게 풀어준 뒤 설탕과 트리몰린을 넣고 빠른 속도로 저으면서 부드럽고 매끄러운 거품이 되도록 반죽을 만들어준다. 박력분을 체에 2번 정도 내리고 반죽에 넣어 거품이 꺼지지 않도록 조심스럽게 섞어준다. 녹인 버터와 우유를 반죽에 넣고 조심스럽게 저어주면서 반죽과 완전히 섞이도록 만들고 반죽을 틀에 붓고 오븐에 넣어 30분 정도 구워서 준비한다.

초콜릿 소스 소스 팬에 생크림과 메이플 시럽을 넣고 약불에 올려 끓기 시작하면 불을 끈다. 다크 초콜릿을 생크림에 넣고 위스크를 이용하여 저으면서 섞어 소스를 완성한다.

사각 틀에 제누아즈를 얇게 잘라 넣고 가나슈와 초콜릿 무스를 겹쳐가며 쌓아 케이크를 완성한다.

To serve / 담기

접시를 턴 테이블 위에 올려 회전시키면서 붓으로 초콜릿 소스를 원형으로 발라준다. 준비된 케이크를 올려주고 초콜릿 장식도 올려서 마무리한다.

Mango panna cotta with mango sauce

망고 판나 코타와 망고소스

Ingredients / 재료

Mango gelee(망고 절레)
150g　Mango puree(망고 퓌레)
40g　Sugar(설탕)
30ml　Water(물)
1장　Gelatine(젤라틴)

Mango sauce(망고소스)
100g　Mango flesh(망고 과육)
20g　Corn starch(옥수수전분)
40ml　Lime juice(라임 즙)
20g　Sugar powder(슈거파우더)

Hazelnut biscuit(헤이즐넛 비스킷)
100g　Hazelnut powder(헤이즐넛 가루)
60g　Sugar powder(슈거파우더)
100g　Butter(버터)
150g　Soft flour(박력분)
40g　Egg(달걀)

Panna cotta(판나 코타)
200ml　Fresh cream(생크림)
200ml　Milk(우유)
20g　Sugar(설탕)
100ml　Honey(꿀)
2장　Gelatin(젤라틴)

Primula flower(프리뮬러꽃)
Pansy(팬지)
Rape flower(유채꽃)
Chervil flower(처빌꽃)

Method / 조리법

망고 절레　물에 젤라틴을 넣어 부드럽게 풀어주고 약불에 소스 팬을 올려 망고 퓌레와 설탕을 넣고 완전히 녹을 때까지 끓여준다. 설탕이 녹으면 물과 젤라틴을 넣고 잘 저으면서 2분 정도 더 끓여준다. 지름 20mm 크기의 돔형 틀에 채워서 냉장고에 넣어 2시간 정도 굳혀서 준비한다.

망고소스　약불에 소스 팬을 올려 모든 재료를 넣고 3분 정도 익힌 후에 블렌더에 넣고 부드럽게 갈아서 소스를 완성한다.

헤이즐넛 비스킷　오븐은 180도로 예열한다. 반죽기에 버터와 슈거파우더를 넣고 부드럽게 혼합해서 달걀을 넣어 섞는다. 헤이즐넛 가루와 박력분을 버터에 넣고 섞어 반죽을 완성한다. 롤러기를 이용하여 반죽을 5mm 두께로 밀어준 후 지름 70mm 크기의 원형 틀로 찍어 모양을 만들어준다. 예열된 오븐에 넣고 10분 정도 익혀 색이 노릇하게 나면 식혀서 준비한다.

판나 코타　우유에 젤라틴을 넣어 부드럽게 풀어주고 약불에 소스 팬을 올려 크림, 설탕과 꿀을 넣고 잘 저어주며 5분 정도 끓여준다. 우유와 젤라틴을 소스 팬에 함께 넣어 잘 저어주며 2분 정도 더 끓여준 뒤 체에 걸러 미지근한 온도로 식힌다. 지름 60mm 크기의 돔형 틀에 식힌 크림을 부어 채우고 냉장고에 넣어 3시간 정도 굳혀준다. 굳혀진 판나 코타를 와이어 랙 위에 올려 망고소스를 부어 코팅하여 준비한다.

To serve / 담기

접시에 원형 틀을 놓고 틀 바깥쪽으로 망고소스를 둥글게 올리며 발라준다. 소스 위에 망고 절레를 올려주고 노란색의 식용 꽃들을 주위에 놓아준다. 헤이즐넛 비스킷 위에 코팅된 판나 코타를 올려 접시에 담아주고 처빌꽃을 올려 마무리한다.

Fruit tart with passion fruit sorbet
과일 타르트와 패션프루트 셔벗

Ingredients / 재료

Passion fruit sorbet(패션프루트 셔벗)
150g   Passion fruit(패션프루트)
100g   Sugar(설탕)
150ml Water(물)
50ml   Lime juice(라임 즙)

Butter bread crumb(버터 브레드 크럼)
200g   Soft flour(박력분)
100g   Sugar(설탕)
100g   Butter(버터)

Sweet pastry crust
(스위트 페스트리, page 379)

Vanilla custard cream
(바닐라 커스터드 크림, page 387)

Strawberry(딸기)
Honeydew(허니듀)
Cranberries(크랜베리)
Dragon fruit(용과)
Wild berries(산딸기)
Blue berries(블루베리)
Nappage(나파주)

Campanula(캄파눌라꽃)
Primula flower(프리뮬러꽃)
Lavender flower(라벤더꽃)
Apple mint(애플민트)
Chervil(처빌)

Method / 조리법

패션프루트 셔벗 패션프루트 과육을 꺼내어 체에 씨앗을 거르고 과즙만 준비한다. 소스 팬에 설탕과 물을 넣고 3분 정도 끓인 후에 완전히 식혀준다. 아이스크림 머신에 패션프루트 과즙과 설탕물, 라임 즙을 함께 넣어 셔벗을 만들어 준비한다.

버터 브레드 크럼 오븐을 180도로 예열하여 준비한다. 반죽기에 버터와 설탕을 넣고 혼합하여 부드럽게 만들어준다. 박력분을 넣고 잘 혼합하여 반죽을 만들어주고 5mm 두께로 반죽을 밀어 오븐 트레이에 올려 예열된 오븐에서 15분 정도 익혀준다. 노릇하게 색이 나면 꺼내어 식혀주고 잘게 부숴서 브레드 크럼을 만들어 준비한다.

허니듀와 용과는 파리지엔을 이용하여 둥글게 파고 딸기는 반으로 잘라 준비한다. 나머지 과일들도 깨끗하게 손질하여 준비한다.

To serve / 담기

스위트 페스트리에 커스터드 크림을 채운 후 그 위에 준비된 과일들을 올리고 나파주를 발라준다. 식용 꽃들과 허브들을 과일 위에 올려 타르트를 완성하여 접시 위에 올려준다. 타르트 옆에 버터브레드 크럼을 놓고 그 위로 패션프루트 셔벗을 올려 마무리한다.

Fromage blanc mousse cake with raspberry sauce

프로마주 블랑 무스 케이크와 라즈베리 소스

Ingredients / 재료

Raspberry glaçage(라즈베리 글라사주)

200g	Corn syrup(물엿)
100g	Sugar(설탕)
80ml	Water(물)
100g	Condensed milk(연유)
150g	White chocolate(화이트 초콜릿)
1g	Food coloring powder (라즈베리 모라 색소)

Fromage blanc mousse cake (프로마주 블랑 무스 케이크)

200g	Fromage blanc(프로마주 블랑)
150ml	Fresh cream(생크림)
100ml	Milk(우유)
1Leaf	Gelatin(젤라틴)
50g	Sugar(설탕)
10g	Lemon zest(레몬 제스트)

Raspberry sauce
(라즈베리 소스, page 372)

Raspberries(라즈베리)
Meringue cookie(머랭 쿠키, page 367)
Primula flower(프리뮬러꽃)
Geranium flower(제라늄꽃)
Spearmint(스피어민트)

Method / 조리법

라즈베리 젤리 젤라틴을 찬물에 10분 정도 담가 부드럽게 풀어준다. 소스 팬을 약불에 올려 불려진 젤라틴과 함께 설탕, 물엿, 연유와 물을 넣고 잘 저어주며 잘 섞이도록 끓여준다. 끓으면 불을 끄고 화이트 초콜릿을 다져넣고 색소도 넣은 후 핸드 블렌더로 잘 혼합하여 준다. 용기에 담아 냉장고에 넣고 차갑게 식혀서 준비한다.

프로마주 블랑 무스 케이크 소스 팬에 우유와 함께 젤라틴을 10분 정도 담가 부드럽게 풀리면 약불에서 젤라틴을 녹이고 실온으로 식혀서 준비한다.

믹싱 볼에 생크림과 설탕을 넣고 위스크로 저어 설탕을 녹이면서 거품을 80%까지 올려준다. 프로마주 블랑을 믹싱 볼에 넣어 생크림과 함께 부드럽게 저어 섞어주고 젤라틴을 녹인 우유와 함께 레몬 제스트를 넣고 잘 섞어 무스를 완성한다. 하트 모양의 틀에 무스를 채워주고 냉장고에 넣어 5시간 정도 굳혀서 준비한다. 굳혀진 무스케이크를 틀에서 꺼내어 와이어 랙에 올려주고 준비된 라즈베리 글라사주 적당량을 용기에 덜어 전자레인지에서 부드럽게 녹이고 무스케이크 위에 부어 코팅한 뒤 냉장고에 넣어 굳혀서 완성한다.

To serve / 담기

접시에 라즈베리 소스를 한 스푼 올리고 컵의 베이스 부분으로 눌러 모양을 잡아준다. 소스 옆으로 무스케이크를 올리고 라즈베리, 머랭 쿠키와 함께 스피어민트와 꽃을 올려 마무리한다.

Basic Recipe

Balsamic reduction(발사믹 리덕션)

200ml Balsamic vinegar(발사믹 식초)
50ml   Maple syrup(메이플 시럽)

소스 팬에 발사믹 식초와 메이플 시럽을 넣고 약불에서 10분 정도 조려준다.

White balsamic reduction (화이트 발사믹 리덕션)

200ml Balsamic vinegar(발사믹 식초)
50ml   Maple syrup(메이플 시럽)

소스 팬에 발사믹 식초와 메이플 시럽을 넣고 약불에서 10분 정도 조려준다.

Truffle balsamic reduction (트러플 발사믹 리덕션)

200ml Balsamic vinegar(발사믹 식초)
50ml   Honey(꿀)
10g   Summer truffle(서머 트러플)

소스 팬에 발사믹 식초와 서머 트러플을 넣고 블렌더로 곱게 간 뒤 꿀을 넣고 약불에서 10분 정도 조려준다.

Champagne vinegar reduction (샴페인 식초 리덕션)

200ml Champagne vinegar(샴페인 식초)
50ml   Champagne(샴페인)
60ml   Honey(꿀)

소스 팬에 샴페인 식초, 샴페인과 꿀을 넣고 약불에서 10분 정도 조려준다.

Cider vinegar reduction (사이더 식초 리덕션)

200ml Cider vinegar(사과식초)
100ml Apple juice(사과 즙)
50ml   Sugar syrup(설탕 시럽)

소스 팬에 사과식초, 사과 즙과 시럽을 넣고 약불에서 10분 정도 조려준다.

Pasta dough(파스타 반죽)

500g   Type "00" flour("00" 밀가루)
150g   Egg yolk(달걀 노른자)
50g   Whole egg(달걀)
20ml   Extra virgin olive oil
            (엑스트라 버진 올리브 오일)
            Salt(소금)

반죽기에 "00" 밀가루, 달걀 노른자, 올리브 오일과 소금을 약간 넣고 반죽을 만들면서 달걀을 조금씩 넣어 농도와 탄력을 맞춰 반죽을 완성한다. 완성된 반죽은 용기에 담아 냉장고에 넣고 6시간 정도 숙성 후 사용한다.

Pickle juice(피클주스)

1,000ml Water(물)
500ml   White wine vinegar(화이트 와인 식초)
250g   Sugar(설탕)
50g   Salt(소금)
20g   Pickling spice(피클링 스파이스)
1ea   Lemon(레몬)

소스 팬에 레몬을 반으로 잘라 모든 재료와 함께 넣고 중불로 15분 정도 끓인 후 체에 걸러 완성한다.

Basil pesto(바질 페스토)

200g   Basil(바질)
100g   Italian parsley(이탈리언 파슬리)
200ml   Extra virgin olive oil
            (엑스트라 버진 올리브 오일)
100g   Parmesan cheese(파마산 치즈)
80g   Roasted pine nuts(구운 잣)
20g   Garlic(마늘)

끓는 물에 이탈리언 파슬리를 데치고 얼음물에 식혀 물기 제거 후 바질, 구운 잣, 마늘과 올리브 오일을 블렌더에 넣고 갈아준다. 그레이터를 이용하여 파마산 치즈를 곱게 간 뒤 블렌더에 넣어 다른 재료들과 함께 잘 섞이도록 갈아서 페스토를 완성한다.

Mayonnaise(마요네즈)

100g   Egg yolk(달걀 노른자)
15ml   White wine vinegar(화이트 와인 식초)
10g   Dijon mustard(디종 머스터드)
400ml   Extra virgin olive oil
            (엑스트라 버진 올리브 오일)
            Salt(소금)

믹싱 볼에 달걀 노른자, 디종 머스터드와 약간의 소금을 넣고 위스크를 이용하여 잘 섞어준다. 화이트 와인 식초를 넣고 빠르게 섞어준 후 올리브 오일을 조금 넣어가며 되직하게 농도가 나오도록 혼합하여 완성한다.

Ricotta cheese(리코타 치즈)

1,000ml Milk(우유)
15ml   Distilled vinegar(증류식초)
10ml   Lemon juice(레몬 즙)
            Salt(소금)

소스 팬에 우유와 약간의 소금을 넣고 약불에 올려 90~95도 사이까지 온도를 올려 끓여준다. 증류식초와 레몬 즙을 넣고 나무주걱으로 천천히 저으며 3분 정도 더 끓이면서 덩어리가 떠오르기 시작하면 불을 끄고 10분 정도 기다린다. 체에 거즈를 올려서 덮어주고 그 위로 덩어리진 우유를 부어 1시간 정도 물기가 빠지도록 한 후 용기에 담아 냉장고에 보관한다.

Tomato sauce(토마토 소스)

500g   Tomato whole(토마토 홀)
80g   Onion(양파)
20g   Garlic(마늘)
            Olive oil(올리브 오일)
            Salt(소금)

소스 팬에 올리브 오일을 두르고 양파와 마늘을 다져 넣고 투명해질 때까지 중불로 익혀준다. 토마토 홀을 다져서 넣어주고 끓기 시작하면 약불로 줄인 후 15분 정도 더 끓이다가 소금으로 간을 맞춰 완성한다.

Chicken stock(치킨 스톡)

2,000g Bone of chicken(닭 뼈)
5,000ml Water(물)
200g Onion(양파)
100g Celery(셀러리)
100g Carrot(당근)
50g Garlic(마늘)
10g Thyme(타임)
10g White peppercorns(백후추)

닭 뼈를 찬물에서 깨끗하게 손질한 후 스톡 포트에 모든 재료를 넣고 중불로 끓인다. 끓기 시작하면 약불로 줄이고 위에 뜨는 불순물을 제거하면서 2시간 정도 졸여준다. 스톡이 졸여지면 시누아에 걸러 식혀서 완성한다.

Langoustine bisque
(랑구스틴 비스큐)

500g Langoustine(랑구스틴 또는 딱새우)
1,500ml Water(물)
50g Shallot(샬롯)
50g Celery(셀러리)
30g Fennel(펜넬)
50g Carrot(당근)
20g Garlic(마늘)
10g Thyme(타임)
30ml Brandy(브랜디)
150ml White wine(화이트 와인)
30g Tomato paste(토마토 페이스트)
100g Tomato whole(토마토 홀)
    Salt, Pepper(소금, 후추)
    Olive oil(올리브 오일)

소스 팬을 중불에 올리고 올리브 오일을 적당히 두른 후에 샬롯, 셀러리, 펜넬, 당근과 마늘을 다져서 넣고 투명해질 때까지 익혀준다. 랑구스틴을 넣고 으깨면서 익혀주다가 브랜디를 넣어 플랑베를 하고 바닥에 재료들이 붙기 시작하면 화이트 와인으로 데글레이즈를 한다. 물과 함께 토마토 페이스트, 토마토 홀, 타임을 넣고 40분 정도 끓인 후 핸드 블렌더로 모든 재료를 갈아준다. 시누아에 재료들을 곱게 걸러주고 다른 소스 팬에 담아 비스큐 형태의 농도가 나올 때까지 조린 후 소금, 후추로 간을 맞춰 완성한다.

Beef stock(비프 스톡)

3,000g Bone of beef(소 뼈)
6,000ml Water(물)
200g Onion(양파)
100g Celery(셀러리)
100g Carrot(당근)
50g Garlic(마늘)
10g Thyme(타임)
100g Italian parsley(이탤리언 파슬리)
    Olive oil(올리브 오일)

오븐을 190도로 예열하여 준비하고 소 뼈는 물에 헹구어 깨끗하게 손질하고 예열된 오븐에 넣어 노릇하게 색이 나도록 구워서 준비한다. 스톡 포트에 올리브 오일을 적당히 두르고 중불에 올려 양파, 셀러리, 당근과 마늘을 다져 넣어 캐러멜라이징 상태까지 익혀준다. 구워진 소 뼈와 물을 스톡 포트에 넣고 타임과 이탤리언 파슬리도 넣은 후 물이 끓기 시작하면 약불로 줄이고 위에 뜨는 기름기를 제거하면서 6시간 정도 끓여준다. 시누아에 스톡을 걸러주고 다른 스톡 포트에 담아 처음 물 양의 1/2 정도까지 조려서 완성한다.

Brown chicken stock
(브라운 치킨 스톡)

2,000g Bone of chicken(닭 뼈)
5,000ml Water(물)
400g Onion(양파)
100g Leek(리크)
10g Thyme(타임)
10g Black peppercorns(흑후추)
200ml White wine(화이트 와인)
    Olive oil(올리브 오일)

오븐을 190도로 예열하여 준비하고 닭 뼈를 찬물에서 깨끗하게 손질한 후 물기를 제거하고 오븐에 넣어 노릇하게 구워준다. 오븐 팬에 약간의 올리브 오일을 두르고 양파와 리크를 적당하게 잘라 올린 뒤 오븐에 넣어 노릇하게 익혀준다. 닭 뼈가 구워지면 화이트 와인을 부어 데글레이즈한 후 스톡 포트에 구워진 양파, 리크와 물, 흑후추를 함께 넣고 중불에 올려 끓인다. 스톡이 끓기 시작하면 약불로 줄이고 위에 뜨는 불순물을 제거하면서 2시간 30분 정도 졸여준다. 스톡이 졸여지면 시누아에 걸러 식혀서 완성한다.

Veal stock(빌 스톡)

3,000g Bone of veal(송아지 뼈)
8,000ml Water(물)
200g Onion(양파)
100g Celery(셀러리)
100g Carrot(당근)
100g Leek(리크)
200g Tomato whole(완숙 토마토)
50g Italian parsley(이탤리언 파슬리)
10g Black peppercorns(흑후추)
5g Bay leaves(월계수 잎)
    Olive oil(올리브 오일)

송아지 뼈를 찬물에서 깨끗하게 손질 후 190도로 예열된 오븐에 넣고 노릇하게 구워준다. 오븐 팬에 약간의 올리브 오일을 두르고 양파, 셀러리, 당근과 리크를 잘라 놓고 오븐에 넣어 노릇하게 구워준다. 스톡 포트에 구워진 모든 재료를 넣고 이탤리언 파슬리, 월계수 잎, 흑후추, 완숙 토마토와 물을 넣은 후 중불로 끓인다. 끓기 시작하면 약불로 줄이고 위에 뜨는 불순물을 제거하면서 5시간 정도 졸여준다. 스톡이 졸여지면 시누아에 걸러 식혀서 완성한다.

Duck stock(오리 스톡)

2,000g Bone of duck(오리 뼈)
5,000ml Water(물)
200g Onion(양파)
100g Celery(셀러리)
100g Carrot(당근)
50g Garlic(마늘)
5g Bay leaves(월계수 잎)
10g Juniper berries(주니퍼 베리)
10g Black peppercorns(흑후추)
    Olive oil(올리브 오일)

오리 뼈를 찬물에서 깨끗하게 손질 후 190도로 예열된 오븐에 넣고 노릇하게 구워준다. 오븐 팬에 약간의 올리브 오일을 두르고 양파, 셀러리, 당근과 마늘을 잘라 놓고 오븐에 넣어 노릇하게 구워준다. 스톡 포트에 구워진 모든 재료를 넣고 월계수 잎, 주니퍼 베리, 흑후추와 물을 넣은 후 중불로 끓인다. 끓기 시작하면 약불로 줄이고 위에 뜨는 불순물을 제거하면서 2시간 정도 졸여준다. 스톡이 졸여지면 시누아에 걸러 식혀서 완성한다.

Fish stock(피시 스톡)

1,000g   Bone of snapper or other white fish(도미 또는 흰 살 생선 뼈)
5,000ml   Water(물)
500ml   White wine(화이트 와인)
1ea   Lemon(레몬)
100g   Onion(양파)
50g   Celery(셀러리)
50g   Leek(리크)
50g   Garlic(마늘)
50g   Fennel(펜넬)
20g   Dill(딜)
10g   White peppercorns(백후추)
20g   Italian parsley(이탈리언 파슬리)
5g   Bay leaves(월계수 잎)
  Olive oil(올리브 오일)

찬물에 생선 뼈를 깨끗하게 손질하고 물기를 제거한다. 중불에 스톡 포트를 올린 후 약간의 올리브 오일을 두르고 양파, 셀러리, 리크, 마늘과 펜넬을 다져 넣고 투명해질 정도까지만 익혀준다. 손질된 생선 뼈와 화이트 와인을 넣고 절반 정도까지 졸여준다. 물을 채워 넣고 딜, 백후추, 월계수 잎, 파슬리와 레몬을 반으로 잘라 함께 넣은 후 물이 끓기 시작하면 약불로 줄이고 불순물을 제거하면서 40분 정도 더 끓인 후 시누아에 걸러 식혀서 완성한다.

Vegetable stock(베지터블 스톡)

500g   Button mushroom(양송이버섯)
50g   Shiitake mushroom(표고버섯)
100g   Onion(양파)
100g   Carrot(당근)
100g   Leek(리크)
50g   Garlic(마늘)
50g   Fennel(펜넬)
20g   Thyme(타임)
5g   Lime leaves(라임 잎)
5,000ml   Water(물)
100ml   White wine(화이트 와인)
  Olive oil(올리브 오일)

스톡 포트를 중불에 올려 약간의 올리브 오일을 두른 후 모든 재료를 넣고 10분 정도 익혀준 후 수분이 나와 끓기 시작하면 화이트 와인을 넣고 수분을 절반 정도까지 졸여준다. 물을 채워 넣고 1시간 정도 약불로 더 끓인 후 시누아에 걸러 식혀서 완성한다.

Clam stock(클램 스톡)

200g   Manila clams(바지락)
200g   Mussels(홍합)
3,000ml   Water(물)
300ml   Fish stock(피시 스톡)
100ml   White wine(화이트 와인)
50g   Onion(양파)
50g   Celery(셀러리)
50g   Leek(리크)
50g   Garlic(마늘)
50g   Fennel(펜넬)
10g   White peppercorns(백후추)
50g   Italian parsley(이탈리언 파슬리)
  Olive oil(올리브 오일)

찬물에 바지락과 홍합을 깨끗하게 손질한다. 중불에 스톡 포트를 올린 후 약간의 올리브 오일을 두르고 양파, 셀러리, 리크, 마늘과 펜넬을 다져 넣고 투명해질 정도까지만 익혀준다. 손질된 바지락과 홍합을 넣고 화이트 와인을 부은 후 뚜껑을 덮고 2분 정도 익혀준다. 뚜껑을 열고 피시 스톡을 부어 10분 정도 약불로 끓인다. 물을 채워 넣고 백후추와 이탈리언 파슬리를 넣은 후 15분 정도 더 끓여 시누아에 걸러 식혀서 완성한다.

Glossary

Arroser 아로제
육류를 익힐 때 나오는 기름과 육즙을 끼얹는 조리
법이다. 보통 버터와 함께 마늘, 허브 등을 넣고 재
료에 끼얹었으며 풍미를 제공한다.

Aioli 아이올리
프로방스식 마요네스 소스이며 마늘과 오일을 의미
한다. 주로 생선과 채소를 이용한 음식에 많이 사용
한다.

Bind 바인드
조리용 끈을 이용하여 육류의 모양을 둥글게 잡아
고정시키는 작업이다. 안심같이 둥근 모양의 육류
를 묶거나 가금류의 날개와 다리를 몸통과 결속시
키는 데 많이 사용한다.

Bouillon 부용
스톡과 같은 개념의 프랑스 조리용어이며 스톡보다
는 조금 맑게 만든다. 보통은 맑은 수프 형태로 사
용하거나 다른 재료를 데칠 때 주로 사용한다.

Brine 브라인
소금물을 의미하며 염지작업과 비슷하다. 적당한
염도의 물에 허브 또는 향신료를 넣고 육류와 함께
담가 밑간을 하는데 특히 지방이 적은 부위를 부드
럽고 촉촉하게 만드는 데 효과가 있다.

Couli 쿨리
액체상태의 농도가 진한 소스 형태를 나타내는 용
어이며 일반적으로 채소류는 따뜻하게 과일류는 차
갑게 사용한다.

Cured 큐어드
육류와 생선류에 소금을 첨가 후 삼투 현상을 진행
하여 보존 또는 저장하는 방식이다. 생햄을 만들 때
육류 절단 면에 소금을 발라 숙성시키는 과정에서
흔히 볼 수 있으며 식품의 풍미와 함께 질감을 향상
시키는 방법이다.

Chinois 시누아
원뿔 모양으로 손잡이가 달려 있는 체이다. 소스나
스톡을 곱고 맑게 걸러내는 거름망의 역할을 한다.

Consommé 콩소메
육류와 채소를 사용하는 수프이며 보통 묽고 맑은
형태이다. 달걀 흰자를 넣어 수용성 단백질로 국물
속 찌꺼기들을 흡착시키는 방법으로 맑게 만들어
낸다.

Deglaze 데글레이즈
육류나 채소를 팬에 구울 때 바닥에 눌어붙어 있는
성분들을 와인이나 스톡 또는 물을 부어서 녹여내
는 조리법이다. 재료를 끓이거나 소스를 만들 때 사
용하는데 풍미를 올리는 효과가 있다.

Emulsion 에멀전
수분과 지방 또는 기름을 혼합하는 방법이다. 허브
와 오일을 혼합하여 소스 형태를 만들 때 달걀 노른
자를 첨가하여 유화시키는 방법이 많이 사용된다.

Granita 그라니타
과일의 즙과 화이트 와인 또는 샴페인 등을 혼합하
여 만든 이탈리아식 소르베이다. 프랑스의 소르베
보다는 당도가 높지 않고 얼음의 결정체가 조금 더
거칠다.

Glaze 글레이즈
음식에 윤기와 광택을 주거나 풍미를 올리기 위해
표면에 시럽이나 소스를 씌우는 조리법이다.

Jus 쥬
육류 또는 뼈를 이용하여 묽고 맑게 만든 소스이다.
밀가루나 전분을 이용하여 농도를 올리지 않고 소
스를 더 조리는 방식으로 농도를 올린다.

Mirepoix 미르푸아
양파, 당근과 셀러리 등의 채소와 허브를 잘라 혼합
한 후 노릇하게 구워서 사용한다. 주로 소스나 스톡
을 끓일 때 기본적인 맛과 향을 제공한다.

Pâté 파테
프랑스어로 파이를 뜻하며 주로 육류를 갈아 페스
트리 속에 채워 오븐에 구워낸다. 전채요리로 많이
사용되며 흔히 식전주와 함께 제공된다.

En Papillote 파피요트
생선을 기름종이나 알루미늄 호일에 싸서 구운 요
리를 말한다. 오븐에 넣어 구우면 탱탱하게 부풀어
서 완성되며 위쪽의 종이를 벗겨 음식을 제공한다.

Purée 퓌레
채소나 과일을 익힌 후 곱게 갈아 체에 거른 페이스
트 형태를 말한다. 본 재료의 풍미를 부드럽게 즐길
수 있으며 육류나 생선 요리에 함께 제공된다.

Pesto 페스토
이탈리아 제노바 지방의 소스 형태를 말하며 바질,
잣, 파마산 치즈와 올리브 오일을 갈아서 만드는 방
식이다. 바질 대신 다른 허브를 첨가하여 소스를 만
들기도 한다.

Rub 럽
소금, 설탕과 함께 여러 향신료를 함께 섞어 시즈닝
을 만들고 육류의 표면에 문지르며 발라서 양념하
는 방식이다. 바비큐 요리에 자주 사용되며 자극적
인 풍미를 내는 데 효과적이다.

Sous vide 수비드
재료를 진공상태로 포장하여 저온상태의 물에 넣고
장시간 익혀내는 조리법이다. 재료 본연의 맛을 잘
보호하며 온도와 시간에 따라 다양한 식감을 만들
어내는 특징이 있다.

Sabayon 사바용
달걀 노른자에 화이트 와인 또는 샴페인을 설탕과
함께 넣고 크림형태로 만든 소스이며 디저트에 주
로 사용한다. 브랜디나 증류주를 사용하기도 하며
설탕 없이 만들어 해산물이나 채소 요리의 소스로
도 사용한다.

Tempering 템퍼링
초콜릿에 함유되어 있는 카카오 버터를 안정적으로
굳혀내는 방법이다. 온도를 조절하며 베타 결정 구
조의 녹는점을 맞춰 만들면 가공된 초콜릿이 쉽게
녹지 않고 좋은 윤기를 내는 효과도 있다.

Velouté sauce 벨루테
5대 모체소스 중 하나인 화이트 소스이다. 스톡과
루를 이용하여 기본적인 소스 형태를 만들고 다양
한 재료와 함께 사용하여 여러 파생소스를 만들어
낸다.

Index

Acknowledgements

유지경성, 뜻이 있는 곳에 길이 있다

저자는 2004년 "고급서양요리"를 처음 출판하여 조리학계와 현장에 큰 반응을 일으켰으며 그에 힘입어 다양한 방향성과 시대적 흐름에 맞춰 여러 조리관련 도서들을 집필하였다.

지금 출간하는 "THE CHEF's CUISINE"은 빠르게 진행되는 음식의 문화적 변화에 맞춰 기획부터 구성까지 제자와 함께 현대적이고 자연지향적인 요리에 대해 의논하고 고민하여 집필한 "고급서양요리" 후속편의 완성이라 하겠다.

함께 집필을 진행한 류훈덕 셰프와 20년간 인연을 맺으며 지켜보았던 제자는 항상 기본기에 충실하며 끊임없이 새로운 것에 도전하고 노력하는 모습이었다. 이에 스승으로서 뿌듯함을 느끼며 발전하는 제자의 모습은 "청출어람"이라 해도 부족함이 없다고 하겠다.

"뜻이 있는 곳에 길이 있다" 처음 조리사의 길을 걷기 시작한 후 지금까지 꿈꿔 오던 일들을 하나씩 이루어낼 때마다 큰 힘이 되고 늘 옳은 방향을 잡아주었던 말이며 뜻을 가지고 이루어낸 지금을 유지경성이라 표현할 수 있겠다. 이 길 위에서 이루어낼 수 있는 현실에 항상 감사하며 무엇보다 가장 아끼고 사랑하는 제자가 이 길에 함께 있어 무척이나 기쁘고 행복한 마음이다.

뜻을 가지고 살아간다는 것은 "하고 싶은 것"보다 "해야 하는 것"을 먼저 실행하고 그 삶을 위해 최선을 다하며 살아가는 것이다. 삶의 의미, 후회 없이 내가 해야 할 일을 마무리지은 이 순간이 오기까지 응원과 함께 격려해 주신 모든 분에게 감사의 인사를 드린다.

무엇보다, 집필하는 과정 동안 지원과 관심을 아끼지 않으신 백산출판사 진욱상 대표님과 진성원 상무님께 소중한 감사의 마음을 표하며, 디자인 작업에 심혈을 기울여 주신 오정은 디자인 실장님과 관계자 분들께 진심어린 감사의 말씀을 올린다.

사제동행, 스승과 제자가 함께 길을 걷다

음식으로 맺은 20년 사제의 인연, 한 길을 고집스럽게 살아간다는 것이 쉬운 일은 아니었지만 늘 그 길에서 벗어나지 않도록 이끌고 방향을 잡아주시는 스승 염진철 교수님. 그 스승님과 한 길에 서서 함께 걸으며 소통하여 완성한 이 책은 20년 사제 간의 행복한 동행을 표현한 작품이라 하겠습니다.

음식을 만든다는 것은 마음을 표현하고 담아내는 것인데 늘 옳은 방향의 마음을 고민할 때면 항상 따뜻한 마음으로 다독여주시고 초심을 잃지 않도록 지도해 주시는 저의 멘토이며 스승이신 염진철 교수님께서 이 책을 만들어내는 길에 저를 올려주시고 지도해 주심에 모든 마음을 담아 감사인사를 드립니다.

지난 3년의 여행과 같았던 제작기간 동안 재료를 구하려 노력하면서 많은 공부를 할 수 있었습니다. 동물복지로 동물과 사람도 교감할 수 있다는 것을 알려준 사장님, 바닷속에서 욕심부리지 않는다는 해녀님, 사랑을 주어야 꽃도 예쁘게 핀다는 허브농장 사장님 등 저에게 많은 가르침을 주셨던 분들께 진심으로 감사드립니다.

제가 표현하고 싶었던 까다로운 작품의 이미지를 잘 이해하고 좋은 작품이 나올 수 있도록 모든 열정과 정성을 쏟아주신 그라피숨 프로덕션의 서성민 대표님께 감사의 마음을 전합니다.

무엇 하나 부족함 없이 키워주시고 최고의 셰프라 항상 응원해 주시며 아낌없이 사랑만 주시는 부모님과 가족들, 사랑하고 감사합니다. 좋은 마음을 담아드리려 노력하는 저의 음식을 사랑해 주시고 행복하게 즐겨주시는 이 책을 기다렸을 소중한 팬분들께 감사드립니다.

끝으로, 저의 음식에 대한 철학과 가치관을 항상 이해하고 존중해 주며 늘 옆에서 부족한 저를 채워주고 큰 힘과 동반자가 되어주는 아내 최도선에게 세상에서 가장 큰 사랑의 마음을 드립니다.

저자 **염진철**　　저자 **류훈덕**

류훈덕_Denis Ryu

염진철

Le Cordon Bleu Sydney에서 French cuisine과 Hospitality management를 수석으로 졸업하였고 독일의 WUSTHOF사가 후원하는 최고의 Le Cordon Bleu Chef를 수상하였다. Hotel The Ritz-Carlton Seoul과 호주 Sydney Hilton Hotel을 거쳐 프랑스 Albertville에 있는 Restaurant Hotel Million(미슐랭 스타) 등에서 셰프로 활동하였다. 한국으로 돌아와 HBC McCoy's의 오너 & 셰프를 거쳐 현재 호텔 크레센도 서울 내에 위치한 428레스토랑을 총괄하고 있다.

chefdenisryu@gmail.com
chef.denis.ryu/instagram

경희대학교 대학원 관광경영학과, 경영학 석사와 경기대학교 대학원 외식조리관리학과, 관광학 박사학위를 받았다. Hotel The Ritz-Carlton Seoul에서 셰프로 근무하면서 현장의 다양한 업무와 오랜 실무경험을 쌓은 대한민국 조리기능장이며 현재 배화여자대학교 전통조리과 교수로 후진 양성에 힘쓰고 있다.
저자는 기초조리실습과 서양조리, 기초조리이론과 조리용어, 기초서양조리 이론과 실기, 고급서양요리, 정통이태리요리, 전문조리용어 해설(백산출판사) 등 다수의 저서를 출간하였다.

jcsm707@hanmail.net

포토그래퍼 서성민
그라피숨 프로덕션 대표
graphysoom@naver.com

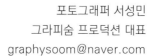

THE CHEF's CUISINE
CONTEMPORARY COOKBOOK

2021년 7월 5일 초판 1쇄 인쇄
2021년 7월 10일 초판 1쇄 발행

지은이 염진철·류훈덕
펴낸이 진욱상
펴낸곳 (주)백산출판사
교 정 성인숙
본문디자인 오정은
표지디자인 오정은

등 록 2017년 5월 29일 제406-2017-000058호
주 소 경기도 파주시 회동길 370(백산빌딩 3층)
전 화 02-914-1621(代)
팩 스 031-955-9911
이메일 edit@ibaeksan.kr
홈페이지 www.ibaeksan.kr

ISBN 979-11-6567-058-0   13590
값 70,000원